Fast vergessen

CHRISTINE FRENKENBERGER
WALTER SEITZ-KRAUTSTORFER
BJÖRN THÖNICKE

Fast vergessen

HANDWERKLICHES ERBE

INHALT

FAST VERGESSEN

Die Freiheit, die eigene Persönlichkeit zu entfalten und die dazugehörige Entwicklung in den Mittelpunkt zu rücken, zählt heute für viele zu den höchsten Werten. Ein Schlagwort ist Individualität, vor allem wenn es um den Verkauf von Produkten geht, die den Käufern dieses ganz eigene, selbstbestimmte Leben ermöglichen sollen.

Dabei ist das Unverwechselbare in unserer Kultur viel tiefer verankert, als dies ein modernes Lifestyle-Produkt je zu versprechen vermag.

Das Handwerk ist eine Kunst und ein Können, welches über Jahrhunderte in Europa und besonders in Österreich und den angrenzenden Siedlungsräumen gewachsen ist. Es ist viel mehr als die Kunst, ein Produkt zu schaffen, das nützlich ist, uns glucklich macht und uns selbst in der Regel sogar überlebt. Echtes Handwerk ist eine Kultur und Lebensart, in der Begriffe wie Freiheit, Entfaltung und Individualität wirklich eine Heimat gefunden haben.

Viele Handwerkerinnen und Handwerker, die in diesem Buch gewürdigt werden, sagen beiläufig Sätze wie: „Ich bin glücklich, mein eigener Herr zu sein." Oder: „Ich habe nicht nur die Arbeit gefunden, die mich erfüllt, sondern auch meine ganz persönliche Freiheit entdeckt." Und das, obwohl ihr Tagwerk häufig auch monoton und kräftezehrend ist und ihre Arbeit und ihr Können nur allzu oft unterschätzt werden.

Dabei bringen ihre Aussagen ganz klar ein Selbstverständnis zum Ausdruck, das in unserer Gesellschaft schon fast verloren gegangen ist: das Bewusstsein von Menschen, deren Arbeit einen für sie ganz klar erkennbaren Sinn hat. Und deren Arbeit Dinge hervorbringt, die hohes Können, Fleiß und echte Begeisterung erfordern.

In einer Zeit, in der Menschen zunehmend die Angst plagt, ersetzbar zu sein, und sie fürchten müssen, durch eine jüngere oder billigere Kraft ersetzt zu werden, ist das Selbstverständnis, etwas Sinnvolles zu tun, ein wertvolles Gut.

Die Angst vor Austauschbarkeit scheint den Protagonisten von „Fast vergessen" fremd zu sein. Keiner der Handwerkerinnen und Handwerker äußert sie als Befürchtung für die berufliche Zukunft.

Warum auch? Ist doch jeder Kontrabass ein Unikat, das nie wieder in genau dieser Form gebaut wird. Hat doch jeder Ofenziegel eine Oberfläche, die es in dieser Farbe kein zweites Mal geben wird. Diese Aufzählung ließe sich weiter fortführen und gilt für jedes der in diesem Buch vorgestellten Handwerke. Das Leben dieser Handwerkerinnen und Handwerker kreist um eine unsichtbare Achse der Unverwechselbarkeit, denn sie formen und vollenden jeden Tag ganz Dinge, die niemand außer ihnen genauso herstellen kann. Sicher besteht darin kein Garant für persönliches Glück, doch das Wissen um die Einzigartigkeit des Geschaffenen wäre sicher eine wichtige Zutat in einer Glücksformel, wenn es diese denn gäbe.

Noch vor wenigen Jahren gab es allerdings wenig Interesse für diese zum Teil schon fast vergessenen Handwerke. Die Betriebe hatten Schwierigkeiten, junge Menschen für diese Arbeit und Lebensform zu gewinnen. Einige Handwerke kennen wir tatsächlich nur mehr aus Erzählungen oder sehen sie auf alten Fotos. Gründe dafür gibt es viele: Schließlich braucht es oft Jahre, um einfach anmutende Handgriffe zu erlernen. Außerdem haftete manchem Handwerk etwas Verstaubtes, Altertümliches an. Zukunft sah für viele Menschen eben anders aus.

So hätte die ServusTV-Dokumentarfilmreihe „Fast vergessen" auch das Zeug gehabt, ein Archiv zu werden, das Relikte von überlebten Künsten für ein interessiertes Fernsehpublikum aufarbeitet. Eine höchst ehrenwerte Aufgabe. Aber eben eher für ein Museum als für einen Fernsehsender, der sich auf einem äußerst lebendigen Markt behaupten muss.

Doch es ist anders gekommen. Regelmäßig melden sich begeisterte Zuschauerinnen und Zuschauer bei der Redaktion und wollen mehr wissen: „Wo gibt es diese schönen Dinge zu kaufen?", „Wo kann ich das Handwerk erlernen?" Andere geben Hinweise auf besondere Handwerkerinnen und Handwerker in ihrer Region und wünschen sich, ServusTV möge doch auch diese in sein Programm aufnehmen. Und es scheint so, als wecke die Reihe mit dem Titel „Fast vergessen" falsche Assoziationen. Doch gilt es auch, hier genau hinzusehen, die Handwerke sind eben nur fast vergessen.

Und nach über zwei Jahren, in denen mehr als drei Dutzend Handwerke liebevoll porträtiert wurden, sind wir uns sicher: Es sind Filme über lebendige und allzeit aktuelle Handwerke. Schließlich geht es um mehr als „nur" ein Handwerk. Es geht um ein Kulturgut, einen echten Wert, den es weiterhin mit Leben zu füllen gilt. Denn abseits der falschen Versprechen einer Konsumkultur gibt es sie noch: die echten Werte und Lebensentwürfe, die wirklich funktionieren.

Natürlich wird nicht jeder Handwerker werden. Aber wir sind uns sicher, dass jede Zuschauerin und jeder Zuschauer von „Fast vergessen" kurz innehält, zur Besinnung kommt und mehr entdeckt als „nur" schöne Dinge, die fast vergessen schienen.

Für diese Momente machen wir Fernsehen. Und dafür möchten wir uns besonders bei den Menschen bedanken, ohne die „Fast vergessen" nicht möglich geworden wäre. Unser Dank gilt allen Handwerkerinnen und Handwerkern, die uns erlaubt haben, sie zu besuchen, ihnen über die Schulter zu blicken und eine ganz besondere Welt zu erleben.

Robert Altenburger · *Chefredakteur*
Björn Thönicke · *Ressort Dokumentationen*

MEHR ALS DINGE

Vorwort der Autorin und Autoren

Eine Fernsehreihe über fast vergessene Handwerke als Buch umzusetzen, klingt zunächst nach vielen sachlichen Beschreibungen. Wo wird ein Loch gebohrt? Was wird gebogen und gehämmert? Und vor allem klingt es nach alten Handwerksmeistern, die in verstaubten Werkstätten Berufe ausüben, die heute niemand mehr kennt und keiner mehr braucht.

Doch die Reihe „Fast vergessen" ist anders und auch das Buch „Fast vergessen" ist letztendlich ganz anders geworden. Die Handwerkerinnen und Handwerker aus der TV-Reihe sind sorgfältig ausgewählt und die Filme sind eben keine Anleitungen, in denen nur die Fertigung eines Flügelhorns oder einer Kirchenglocke gezeigt wird. Es sind behutsame Porträts von Menschen, die einen Beruf gefunden haben, der sie ausfüllt und ihnen eine tiefe Befriedigung verschafft. Häufig arbeiten mehrere Generationen gemeinsam unter einem Dach. Es sind Menschen, die besonders sind, und oft sind die Geschichten, die sie erzählen, und ihre Art zu leben noch viel spannender als die Dinge, die sie herstellen. Besonders sind diese Menschen, weil sie keine Aussteiger oder Rebellen sind. Es sind Handwerkerinnen und Handwerker, für die der Beruf spürbar eine echte Berufung ist. Diese Menschen faszinieren uns.

So war es letztendlich auch eine schöne Erfahrung, mit „Fast vergessen" ein Buch zu schreiben, in dem wir mit jedem Handwerk auch Menschen kennenlernen durften, die zwar alle völlig unterschiedlich waren, doch deren Philosophie uns immer wieder aufs Neue in ihren Bann gezogen hat.

Es steckt also sehr viel mehr dahinter als eine Dokumentation einzelner Arbeitsschritte. Und, es sind auch nicht nur alte Handwerksmeister. Wir haben junge Betriebe, erfolgreiche Existenzgründer und Familienbetriebe kennengelernt, die nur selten die Suche nach einem Nachfolger oder Auszubildenden plagt. Das traditionelle Handwerk erlebt eine echte Renaissance. Nicht nur in den Dörfern, sondern auch in Städten besinnen sich Menschen wieder auf ihre Wurzeln und auf besondere Dinge, die mit Wegwerfprodukten keine Gemeinsamkeit aufweisen. Alte Gebäude werden wieder originalgetreu renoviert. Die Kunden sind auch bereit, auf einen Kachelofen, dessen Kacheln von Hand geformt und im Holzofen gebrannt wurden, lange zu warten.

So haben wir auch Handwerke kennengelernt, die wir vorher tatsächlich nicht gekannt hatten. Gewerke, deren Namen uns nichts gesagt haben. Doch nach dem Blick in ihre

Werkstätten haben wir die Herstellung ganz besonderer Güter erleben dürfen. Dinge, die wir vielleicht nicht täglich benutzen. Doch was ist eine Kirche ohne den vertrauten Klang einer Glocke? Was ist Volkskultur ohne eine echte Lederhose aus Hirschleder? Was ein Haus ohne einen Kachelofen?

Und so galt es, Abschied zu nehmen vom Klischee der aussterbenden, letzten Meister ihrer Zunft. Stattdessen laden wir alle Leserinnen und Leser ein, faszinierende Menschen und ihr meisterliches Handwerk zu entdecken. Ganz herzlich möchten wir uns bei allen Handwerkerinnen und Handwerkern bedanken, ohne die dieses Buch nicht möglich gewesen wäre.

Christine Frenkenberger
Walter Seitz-Krautstorfer
Björn Thönicke

Doris Pfaffenlehner
Maßschuhmacherin

„DEM Hirschleder sagt man nach, dass es mitwächst, zum Beispiel bei der Lederhose. Auch wenn man einen Bauch bekommt, passt man immer noch rein. Und genau das kann man beim Schuh nicht brauchen", erzählt die junge Maßschuhmacherin Doris Pfaffenlehner. Damit das Hirschleder, das sie zu Haferlschuhen verarbeitet, später nicht mehr nachgibt, spannt sie das Leder im feuchten Zustand also noch einmal auf.

Obwohl Doris Pfaffenlehner noch nicht einmal 30 Jahre alt ist, verfügt die junge Schuhmacher-Meisterin über viel gewachsenes Wissen. Sie kennt ihr Handwerk und ihr Material. Im Wartesaal der Bahnstation Kernhof im südlichen Mostviertel hat die Niederösterreicherin ihre Werkstatt eingerichtet. Ihre kleine Tochter und der Lebensgefährte warten im gemeinsamen Zuhause, das nur ein paar Schritte entfernt ist. Die Küche der jungen Familie war früher das Büro der Fahrdienstleitung. „Ich habe von der Werkstatt nur zwei Schritte über eine Treppe nach Hause", freut sich die junge Mutter. „Man muss es aber gut trennen können: dass man, wenn man zu Hause ist, nicht immer an die Arbeit denkt und umgekehrt, wenn man in der Arbeit ist, dass man dann bei der Sache ist."

Nicht selten arbeitet die Maßschuhmacherin an mehreren Schuhen gleichzeitig. Neben den Haferlschuhen, die für einen festlichen Anlass gedacht sind, entwirft sie gerade für eine Kundin Pumps, die zu einem grünen Seidendirndl passen sollen. „Das Handwerk geht immer mehr in Richtung Design", stellt die Schusterin fest. „Vor allem unter den jungen Frauen, die den traditionellen Männerberuf für sich entdecken, gibt es viele, die ihre Schuhe auch selbst entwerfen."

Für die Pumps fertigt Doris Pfaffenlehner eine präzise Zeichnung und einen Schnittbogen an. Die Maße überträgt sie schließlich auf grünen und weißen Seidenstoff, aus dem sie das Oberteil des Schuhs zuschneidet. Damit sich die Seide nicht verzieht, hat die Schuhmacherin sie auf Ziegenleder aufgezogen. Aneinandergeheftet sind die Stoffteile nun für das Zusammennähen vorbereitet.

Beim Haferlschuh beginnt die Arbeit mit dem Aufsetzen der Brandsohle auf den Leisten. Die Brandsohle verbindet später die eigentliche Sohle mit dem Oberteil des Schuhs. Wie es sich für einen hochwertigen Maßschuh gehört, ist die Brandsohle aus festem Rindsleder.

Damit sich die Sohle des Haferlschuhs dem Fuß des zukünftigen Trägers auch gut anpasst, wird sie eine Nacht lang in der Brandsohlenpresse gepresst, einem Werkzeug, das schon 100 Jahre auf dem Buckel hat. „Ich finde diese alten, martialischen Maschinen sehr, sehr schön", verrät die Schuhmacherin. „Ich habe schon in meiner Lehrzeit eine alte Nähmaschine, eine „Singer", gekauft. Das war der Einstieg in eine ganze Sammlung alter Maschinen."

Doch ihre Maschinensammlung ist mehr als Liebhaberei. Mit der „alten Singer" näht

Doris Pfaffenlehner
MASSSCHUHMACHERIN

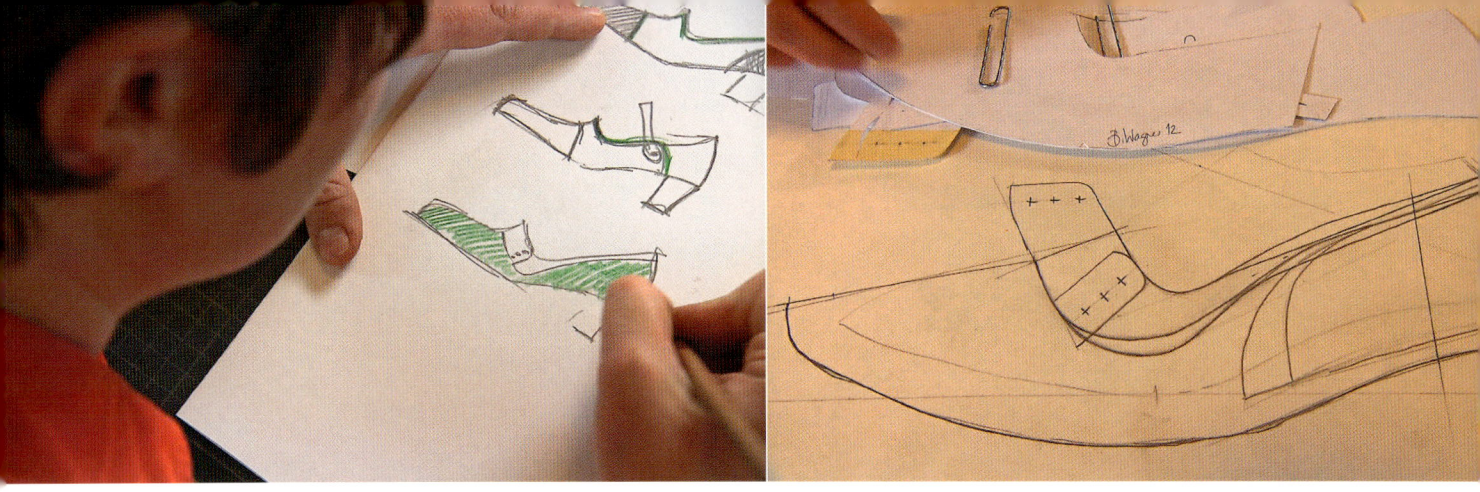

die Schuhmacherin das Oberteil des Damen-Pumps zusammen: „Die alte Nähmaschine macht sehr viel schönere Nähte", findet Doris Pfaffenlehner. „Wenn ich Damenschuhe aus Ziegenleder oder wie jetzt aus Seide nähe, ist es einfach unumgänglich, diese alte Singer-Maschine zu verwenden, weil sie ein wunderbares Stichbild hat."

Ihre Liebe zur Bearbeitung von Leder und Stoff hat die heutige Meisterin schon als junges Mädchen entdeckt. „Meine Mutter hat ein bisschen geschneidert und hatte einen großen Sack voller Lederreste", erinnert sie sich heute. „Auch aus dem kleinsten ‚Fitzerl' haben wir noch etwas gemacht. Ich hab schon damals ge-

wusst und gemerkt, dass Leder ein ganz besonderes und kostbares Material ist, mit dem wir sehr sparsam umgegangen sind."

Nachdem die Brandsohle des Herrenschuhs über Nacht in der Presse in Form gebracht worden ist, schnitzt Doris Pfaffenlehner einen Steg in die Unterseite des Sohlenleders. Durch diese Brandsohle hindurch werden später das Oberleder und der Rahmen zusammengenäht. Um es beim händischen Nähen durch die dicke Sohle später leichter zu haben, sticht sie Löcher in den Steg auf der Unterseite der Brandsohle. Die Spitze des Stechwerkzeugs, den sogenannten „Ahle", taucht sie ab und zu in Bienenwachs. „So rutscht der Nähfaden später besser durchs Loch", verrät die Maßschuhmacherin.

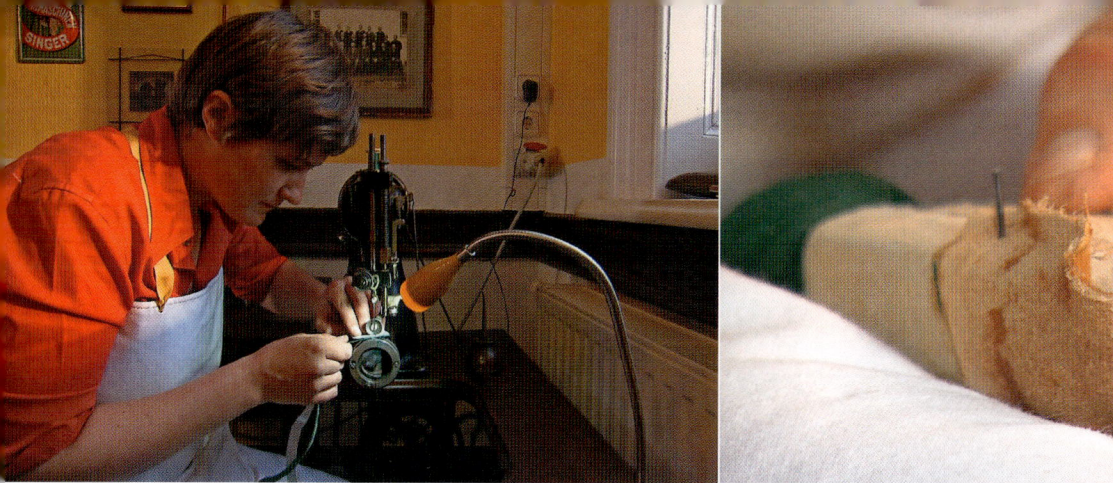

Weil Maßschuhe besonders lange halten sollen, verstärkt die Schusterin sämtliche Exemplare an den Spitzen und an den Fersen mit dünnem Rindsleder: „Diese ‚Kappen' kommen dann später zwischen Futter und Oberleder", bleiben also unsichtbar, erläutert sie.

„Galanterie" heißt die Machart, in der die Pumps entstehen. Es handelt sich um eine Technik, bei der Maßschuhe elegant und – auch ohne einen genähten Rahmen – stabil und fest werden. Das seidene Oberteil, die Kappen und die Sohle werden dafür zusammengeklebt und an der Unterseite des Leistens festgenagelt. Im Fachjargon heißt es: Die Schuhe werden „gezwickt". Ist der Schuh ausreichend trocken, zieht die Schusterin alle Nägel wieder heraus.

Bei der Galanteriemachart ist die Sohle am Ende nur geklebt. „Das spart Gewicht und ist komfortabel, vor allem wenn es ein Schuh zum Tanzen sein soll", erklärt Doris Pfaffenlehner. Mindestens 25 Stunden benötigt die Schusterin für einen solchen Dirndlschuh nach Maß. Für einen traditionellen, rahmengenähten Herrenschuh sind es sogar noch einmal 15 Stunden mehr.

Beim „Rahmennähen" werden die Innensohle, das Oberteil und ein schmales Lederband, der sogenannte „Rahmen", miteinander vernäht. „Der Rahmen muss ganz fest sitzen", murmelt die Schuhmacherin angestrengt, während sie neuerlich einen Faden durch das dicke Leder zieht. „Jeder Stich muss gut angezogen

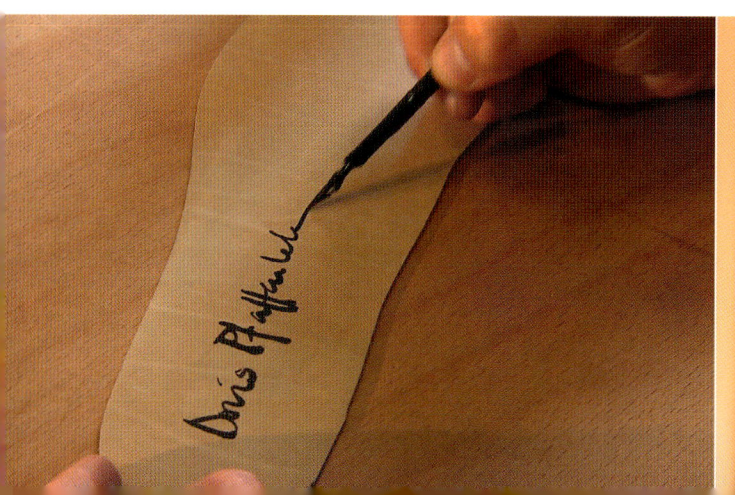

werden." Der Faden ist „gepecht". Durch die Reibung, die beim schnellen Durchziehen entsteht, wird das Pech heiß und verklebt das vorgestochene Loch: Die Naht ist dann wasserdicht.

Gelernt hat Doris Pfaffenlehner die Kunst des händischen Rahmennähens bei der ehemaligen Hofschuhmacherei Scheer in Wien. „Das ist ein echtes Glück für mich gewesen, beim Besten gelernt zu haben. Solche Dinge wie dieses Rahmennähen, das pflegt sonst keiner so, wie es beim Scheer gepflegt wird", sagt die junge Schusterin.

Nur an wenigen anderen Orten als in Wien und in Kernhof finden sich auch die Holznägel im Absatz, die es möglich machen, dass der Schuh hinten an der Ferse eine elegante Passform erhält. In ihrer Lehrzeit in Wien hat Doris Pfaffenlehner alles über Herrenschuhe gelernt. In Venedig ließ sie sich bei einer Schuhmacherin zusätzlich in die Fertigung von Damenmaßschuhen einweisen.

Das neueste Paar Pumps erhält noch geschwungene Holzabsätze, die die Schusterin erst mit einer Schicht Ziegenleder und anschließend für die Optik mit grüner Seide überzieht. Dem Haferlschuh fehlt noch die Sohle. Diesmal wählt die Schusterin nicht, wie meist bei dieser Schuhart, eine mit grobem Profil, sondern eine Ledersohle aus festem Rindsleder mit versenkter Naht. So erhält der weitverbreitete, traditionelle Haferlschuh eine festliche Anmutung.

„Der Haferlschuh", sagt die Schuhmacherin, „kommt wahrscheinlich aus dem Salzkammergut, zumindest sagt das die Legende." Ein Schuhmacher im Salzkammergut soll diesen Halbschuh für die dortige Bevölkerung entwickelt haben. „Anfang des 19. Jahrhunderts gab es dort viele Urlauber aus England", erzählt sie

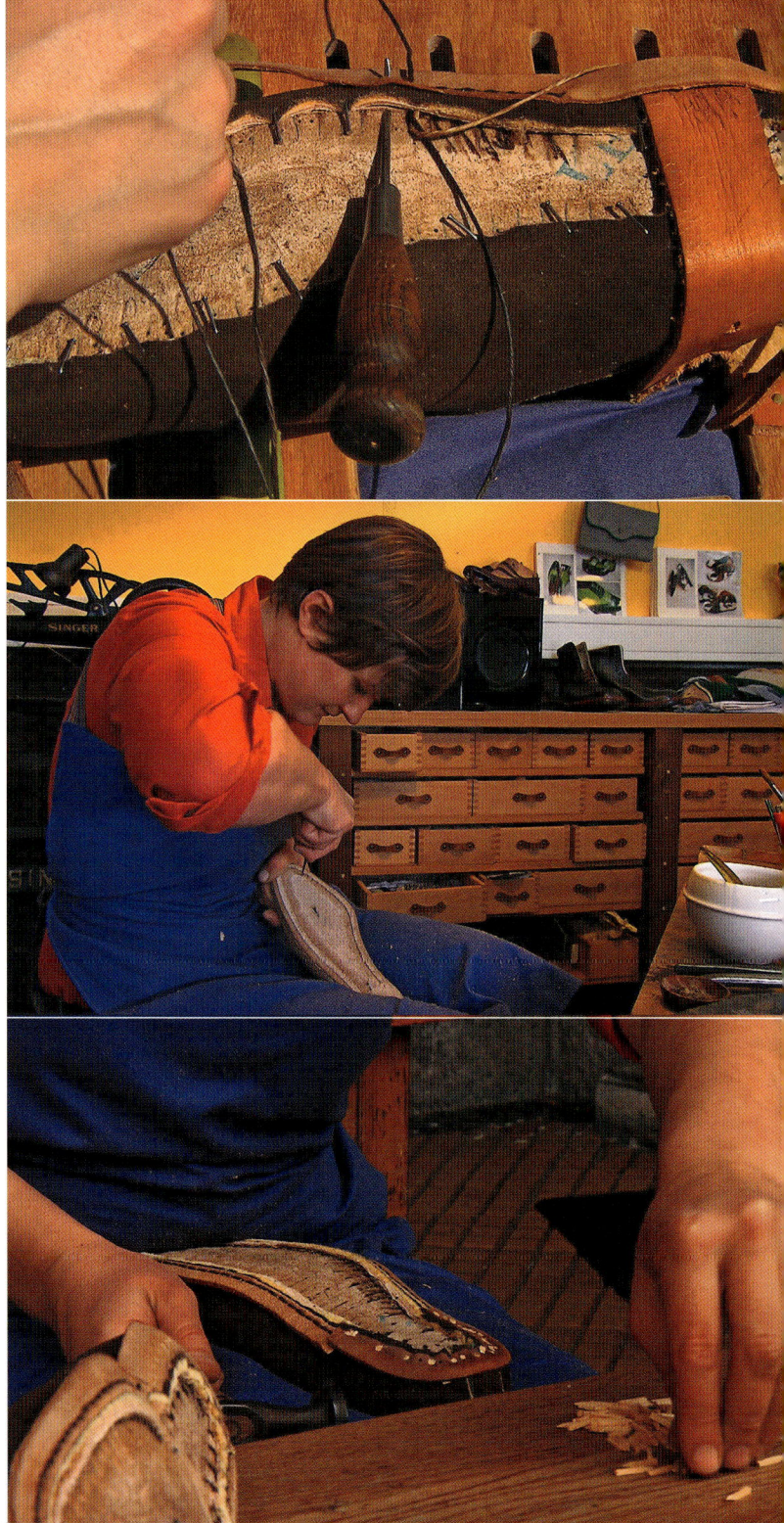

weiter. Auch ihnen hat der Schuhmacher Halbschuhe, also „Halveshoes", gemacht. Daraus ist dann vermutlich der Haferlschuh geworden."

Auch der Damenschuh nähert sich seiner Fertigstellung: Doris Pfaffenlehner klebt noch das Leder für die Sohle der Pumps auf und schlägt es mit dem Schuhmacherhammer fest. „Tausend Schläge machen einen Schuh, aber wahrscheinlich sind es mehr", sagt sie schmunzelnd.

„Ich bin, seitdem ich das Schuhmacherhandwerk gelernt habe, insgesamt sehr viel genauer geworden" stellt sie fest. „Ich habe früher viel genäht und bei diesen Dingen war ich früher weit schlampiger. Jetzt ist ein Millimeter ein enormes Ausmaß. Damals war ein halber Zentimeter kein Problem."

Auf der Innensohle, der Deckbrandsohle, signiert Doris Pfaffenlehner liebevoll jeden ihrer Schuhe mit Tusche. Ihr Namenszug ziert auch ihr wichtigstes Schaufenster, das im Internet. „Es gibt in Kernhof nicht gerade eine enorme Zahl an Laufkundschaft. Die meisten Kunden finden mich über das Internet und entschließen sich dann, einen Ausflug zu mir ins Mostviertel zu machen."

DER „Original Ausseer Hut", weit über die Grenzen Österreichs bekannt, ist die Spezialität des Hutmachermeisters Alexander Reiter in Bad Aussee. Seit 1532 werden in der Werkstatt alle möglichen Arten traditioneller Hüte gefertigt, vom einfachen Arbeits- bis zum Festtagshut.

„In der Familie haben wir eine lange Hutmacher-Tradition", erzählt der Meister stolz. „Auch der Großvater meines Großvaters war bereits Hutmacher-Meister. Ich selbst habe die Werkstätte vor zwei Jahren von meiner Mutter übernommen, arbeite aber schon seit einem Vierteljahrhundert als Meister im Betrieb."

Der „Ausseer Hut" hat sich aus dem Zylinder entwickelt. Im Lauf der Jahre wurde er immer flacher, runder und weicher in der Form. Seine typischen Kennzeichen, das dunkelgrüne Seidenband und der gleichfarbige Einfass, blieben ihm aber erhalten. So auch seine Beliebtheit: „Bei uns in der Region, wird der ,Ausseer Hut' sehr häufig getragen", sagt Alexander Reiter. „Unsere Tracht ist ja weniger eine Uniform, wir sagen dazu auch ,Ausseer Gewand', und da gehört der ,Ausseer Hut' einfach dazu. Also, wenn man im Salzkammergut gescheit angezogen sein will, ist man ohne Hut einfach nicht komplett."

Die Arbeit für den Hutmachermeister beginnt bei jedem seiner Modelle mit einem Filzrohling, dem sogenannten Stumpen. Außer der Farbe hat der unförmige Filzrohling in Hutform mit einem fertigen „Ausseer Hut" nichts gemein. „Die Hutstumpen wurden früher einmal in Österreich produziert", erinnert sich der Hutmacher. „Da hat es über 23 Fabriken gegeben, in Deutschland noch wesentlich mehr. Die haben nicht überlebt und sind in den Osten abgewandert. Wir beziehen die Hutstumpen jetzt aus Amerika, Portugal und teilweise aus Spanien, weil wir auf höchste Qualität achten müssen. Da muss man weitum suchen."

Damit die Hüte die gewünschte Griffigkeit erhalten, tränkt Alexander Reiter die Stumpen in einer auf Stärke basierenden Flüssigkeit, der „Appretur". Ändert der Meister das Mischverhältnis der Appretur, beeinflusst er die Festigkeit der jeweiligen Hüte. „Dadurch wird die Luft im Filz mehr oder weniger durch die ,Appretur' ersetzt", erklärt Alexander Reiter, während er den tropfnassen Hut auswringt. „Die Damenhüte sollen sehr weich und geschmeidig bleiben. Anders der Arbeitshut, der wird natürlich wesentlich härter appretiert."

Zu einem bestimmten Hutmodell wird ein Stumpen allerdings erst durch die Form. Und so sind die über 300 historischen „Model" aus Linden- und Pappelholz, fein säuberlich in Regale geschlichtet, der Schatz der Hutmacherwerkstatt. Dass manche noch aus der Zeit von Erzherzog Johann stammen und über 200 Jahre alt sind, sieht man ihnen an. Eine Tatsache, die sie für den Hutmacher in Bad Aussee besonders wertvoll macht. „Die Formen sind für uns von höchstem Wert und unwiederbringlich", sagt er. „Wir haben nämlich keine

einzige Presse, auf der der Hut mit Hitze richtig zerpresst wird, wie bei der industriellen Hutproduktion. Wir formen alles mit der Hand auf unseren Holzformen."

Das wichtigste Arbeitsgerät für den Meister und seinen Kollegen Franz Wimmer ist demnach der Dampfkessel. „Der Stumpen gehört deswegen in den Dampfkessel, weil er im kalten, trockenen Zustand nicht formbar ist", erklärt er, während er einen dampfenden Hut aus dem Kessel zieht und auf den bereitgestellten Model stülpt. „Ohne Dampf, ohne Hitze rührt sich da überhaupt nichts. Nur wenn der Hut nass und im Dampf ist, kann ich ihn formen."

In der Werkstatt von Alexander Reiter werden täglich zwischen 30 und 100 Stumpen bedampft. „Ich zerstöre den Stumpen durch den Dampf nicht", meint er, „das Gegenteil ist der Fall. Die Haare sind ja nicht wie bei einem Pullover verwoben. Das sind rein die Kaninchen- oder Schafwollhaare, die sich durch die natürliche Verkräuselung verbinden. Durch den Dampf geht die Kräuselung weiter und der Stumpen wird immer härter und fester."

Nachdem er den heißen Hut fest über die Formen gezogen hat, befestigt Alexander Reiter den Hut an der Form mit einer Schnur, die fest um den Stumpen gebunden dafür sorgt, dass der zukünftige Hut die Form und Größe des „Models" behält.

In einer Hutmacherwerkstatt wiederholen sich die Arbeitsschritte immer wieder. Die Herausforderung für Alexander Reiter besteht darin, konzentriert und achtsam zu bleiben, trotz der Vielzahl der Stücke. Dem Hutmachermeister liegt sein Handwerk aber ohnehin im Blut. Sein Ur-Ur-Großvater hat das Hutmacherhandwerk um das Jahr 1900 in die Familie gebracht.

1946 übernahm der Großvater des heutigen Meisters, Franz Leithner, die Werkstatt in Bad Aussee und baute ihren Ruf als Traditionsbetrieb aus. Zunächst führte der Altmeister seine Tochter in die Kunst des Hutmachens ein, und schließlich auch den Enkel Alexander Reiter, den heutigen Meister. Der Großvater wohnt immer noch direkt neben der Werkstatt. Im Ruhestand tritt er jetzt kürzer, weiß er doch sein berufliches Erbe in guten Händen: „Ich finde es schön, dass mein Enkel auch Hutmacher ist und dass es weiterhin bestehen bleibt, das Geschäft." Seinen Enkel hat er damals auch geschickt an die Hutmacherei herangeführt, erinnert sich Alexander Reiter heute: „Ich habe als kleines Kind begonnen mitzuhelfen und die Hüte zwischen Näherei und Werkstätte hin und her zu tragen. Aus lauter Freude, einzeln. Genau wie meine Kinder jetzt. Wenn man die Kinder dazurechnet, die natürlich noch zu klein sind, aber trotzdem gerne mithelfen, arbeiten vier Generationen im Betrieb."

Elfriede Reiter, Alexanders Mutter, hat die Leitung des Betriebs vor zwei Jahren an ihren Sohn übergeben, arbeitet aber immer noch mit. Sie verleiht den Hutmodellen, die ihr Sohn in Form gebracht hat, mit Bändern und Verzierungen ihr endgültiges Gesicht. Etwa der „Sisi-Hut", der Reithut von Kaiserin Elisabeth. „Der wird wunderschön", freut sich Elfriede Reiter. „Wir legen ein grünes Seidenband um den Hut und befestigen es. Darüber kommt schwarzer Tüll. Rundherum nähe ich noch vier blassrosa Röschen drauf, damit das Ganze ein bisschen lieblicher wird und nicht so dunkel ist." Die Seniorchefin, die schon seit Jahrzehnten in der Näherei arbeitet, wirkt zufrieden mit sich und der Welt „Es ist eine große Freude und eine

große Beruhigung, wenn man sieht, dass die Familie – der Sohn und die Schwiegertochter – das fortführen, was man selber gemacht hat", sagt sie. „Ich kann nur jedem wünschen, der einen Betrieb hat, dass das so anlaufen kann, weil selbstverständlich ist das nicht."

In der Werkstatt hat Alexander genügend Rohlinge appretiert und noch feucht auf ihre Formen gezogen. Alle Hüte sollen gemeinsam bei bis zu 80 Grad auf ihren Holzformen trocknen. Einen halben Tag und eine ganze Nacht

lang. Die Hüte werden dadurch nicht nur die Feuchtigkeit los. „Da wird die Appretur noch einmal aktiviert und das Haar verfestigt sich noch einmal in der Hitze. Genau so soll es sein", stellt der Meister fest. „Je näher wir die Hüte zum Ofen stellen, desto stärker wird der Hut dann im Endeffekt." So platziert er die Damenhüte ein bisschen weiter weg vom heißen Ofen. Und während die Hüte hier trocknen, haben wir in der Werkstätte immer noch 1000 Handgriffe bei anderen Hüten zu erledigen.

Bei einem bereits getrockneten Hut bearbeitet der Meister die Krempe, bedampft und glättet sie, sodass auch die letzte Unebenheit verschwindet. Das fertige und gebürstete Exemplar bringt sein kleiner Sohn in die Näherei, wo neben Oma Elfriede auch seine Mutter an der Nähmaschine sitzt. Nach einem Hightech-Gerät sucht man hier vergebens. Genau wie ihr Mann setzt Klaudia Reiter auf altbewährte Maschinen. Beim Einfassen des Randes kommt eine Nähmaschine aus dem Jahr 1890 zum Einsatz. „Das ist die beste Nähmaschine, die wir haben", ist Klaudia Reiter überzeugt.

Ist der „Ausseer Hut" fertig – also auch mit Schleife ausgestattet –, kehrt er noch einmal zurück in die Werkstatt. Ein letztes Mal wird er mit Wasserdampf formbar gemacht. Alexander Reiter definiert den „Kopf des Hutes", mit ge-

schultem Augenmaß und viel Fingerspitzengefühl. „Das Schöne an meinem Beruf ist, dass ein bisschen etwas Künstlerisches auch dabei ist", verrät er, ehe er den fertigen Hut ins Geschäft nebenan trägt. Im Laden hat Klaudia Reiter den Überblick über die vorhandenen Modelle und bestellt bei ihrem Mann entsprechend nach.

Eines Tages möglicherweise bei ihrem Sohn oder ihrer Tochter, hofft das Ehepaar Reiter. „Es würde mir auch sehr viel bedeuten, wenn meine Kinder da weitermachen würden", gesteht der Hutmachermeister. „Ich glaube, es wäre doch ein Höhepunkt des Lebens, so etwas zu erreichen."

Und wieder erhält ein Ausseer Hut das Signet „Leithner Hüte". Obwohl Alexander Reiter der Chef ist, bleibt er für seine Produkte gerne und mit Stolz beim Namen des Großvaters.

„EIN ECHTES Qualitätsmerkmal bei einer handgemachten Lederhose ist die sogenannte „Säcklernaht", erklärt Peter Ahamer, während er auf die helle Außennaht entlang des Lederhosenbeins deutet. In Ebensee im Salzkammergut betreibt der Säcklermeister, also „Lederhosenschneider", eine Werkstatt, in der schon sein Vater hochwertige Lederhosen angefertigt hat.

Die Kanten des Leders hat er für die „Säcklernaht" nach außen sichtbar zusammengesteppt und darunter eine Schicht helleren Leders eingefügt, die nun charmant unter der Naht hervorblitzt. Die Lederhose ist damit verziert und verstärkt zugleich. „Wenn eine Hose eine solche Säcklernaht hat", ergänzt Peter Ahamer, „kann man sicher sein, dass sie ein Spezialist gemacht hat."

Auf Kundenwunsch schneidet der Säckler gerade eine originale Erzherzog-Johann-Hose zu, so wie sie ihr Namensgeber um 1800 getragen haben soll. „Eng, fast anliegend und lang, bis zu den Kniescheiben hinunter", beschreibt der Säcklermeister das Traditionsmodell.

Beim Zuschnitt achtet Peter Ahamer besonders auf die Stärke des Leders. „Das Schwierige ist, dass man die ‚Haut' richtig beurteilt und an beanspruchten Stellen, etwa am Hin-

tern, nur das beste Leder verarbeitet und keine dünnen Stellen hineinkommen." Anhand welcher Kriterien er die Lederstücke für die rund zwanzig Teile der Hose auswählt, kann der Säckler schwer beschreiben. Er verlässt sich auf sein Gefühl: „Das ist einfach jahrzehntelange Erfahrung", sagt er, „und wenn ich eine wirklich schöne, gute Haut in der Hand habe, geht es mir durch und durch, weil das so herrlich ist."

Wie sein Vater früher verwendet auch Peter Ahamer „sämisch" gegerbtes Leder. Diese uralte und aufwendige Gerbmethode kommt ohne chemische Stoffe aus. Die Wildhäute werden dabei wiederholt in Holzfässern mit Fischtran gewalkt, auf Rahmen gespannt und luftgetrocknet. „Wir verarbeiten nur sämisch gegerbtes Hirschleder, weil es mit Abstand den besten Tragekomfort hat", erzählt der Säcklermeister überzeugt. „Es ist auch das teuerste Material, das man verarbeiten kann, aber am angenehmsten auf der Haut: im Winter warm und im Sommer trotzdem nicht heiß."

Seit 15 Jahren arbeitet Rudolf Daxner in der Werkstatt mit Peter Ahamer und profitiert von der gewachsenen Erfahrung seines Lehrmeisters. „Es erfüllt einen mit Stolz, wenn man die alte Tradition weiterführen kann", sagt der lang gediente Mitarbeiter. „Die Arbeit ist sehr meditativ. Man braucht sehr viel Ruhe, bis man richtig hineinkommt, und man ist mit den Gedanken auch sehr viel bei sich."

Peter Ahamer will all sein Wissen über Lederhosen an die nächste Generation weitergeben. Genau wie sein Vater, der den Betrieb im Salzkammergut im Jahr 1930 gegründet hat. „Ich habe die Werkstatt 1976 übernommen und davor habe ich bei meinem Vater gelernt", erinnert sich der Säcklermeister. „Schon als ganz

kleiner Bub war ich am liebsten in der Werkstatt, und ich lebe hier, seit ich auf der Welt bin. Das ist natürlich irgendwo meine Heimat und mein Reich, meine Welt. Darum fasziniert mich die Arbeit wahrscheinlich so sehr."

Auch bei der Gestaltung der Ziernähte greift Peter Ahamer auf Altbewährtes zurück. Vorsichtig zieht er Papierschablonen mit gelochten Mustern aus durchsichtigen Hüllen. „Das sind die altüberlieferten Schablonen, die ich von meinem Vater bekommen habe", er-

zählt der Lederhosenschneider. „Diese Muster stammen nachweislich aus dem 17. und 18. Jahrhundert."

Der zukünftige Besitzer der neuen Lederhose hat sich ein Blumenmuster ausgesucht. Peter Ahamer legt die Schablone auf das Leder und reibt darüber Kreidestaub. Durch die Löcher in der Schablone wird das Blumenmuster am Leder sichtbar.

„So, da sieht man schon etwas", freut sich der Säcklermeister, als er die Schablone an-

hebt. „Die alten Muster sind unsere Schätze, weil man so etwas heutzutage nicht mehr bekommt. In der alten Zeit war das ja so, dass die Lederhose ein Statussymbol war. Man hat an den Mustern der Lederhose erkannt, ob das ein wohlhabender Adeliger war oder ein normaler Bauer. Je mehr „Auszier" eine Hose hatte, desto kostspieliger war sie."

Das „Kreidemuster", das eingestickt werden soll, muss der Handwerker noch nachzeichnen, weil die Kreide zu schnell verwischt. Er verwendet dafür eine mit einem Pflanzensaft gefüllte Füllfeder. „Dieser Saft, das ‚Gummiarabikum', hat eine Haltbarkeit von circa acht bis zehn Stunden. Das ist genauso lange, wie wir für das Sticken einer Blume brauchen", erklärt Peter Ahamer. Bis das gesamte Motiv ins Leder gestickt ist, vergehen insgesamt rund 90 Stunden. Deshalb arbeitet der Meister in Etappen. „Man kann nicht ewig sticken, das ist unmöglich. Ich sage immer, mehr als sechs Stunden am Tag zu sticken, ist fast nicht möglich."

Während der Wert einer Hose, die mit der Maschine gestickt wurde, sinkt, gewinnt eine Handgestickte mit zunehmendem Alter an Wert, ist der Säckler überzeugt. „Der Stich sitzt so tief im Leder, dass er beim Tragen fast nicht beschädigt werden kann. Der Wulst, also die Muster, tragen sich an exponierten Stellen schneller ab und werden hell, aber die Stickerei bleibt unversehrt. Da sage ich dann immer: ‚Unsere Blumen blühen auf', weil das echt gut ausschaut", sagt der Säckler, während er mit der Hand langsam über die eingestickten Blumen im Leder streicht.

Um die Lederhose an einigen Stellen mit einer Lederschicht zu verstärken, verwendet Peter Ahamer einen bräunlichen Kleber, der

wiederum ohne Chemie auskommt. „Wir nennen ihn ‚Pappmehl‘, sagt der Handwerker, nachdem er den Kleber mit dem Zeigefinger auf einem kleinen Lederstück verstrichen hat. „Das wird aus schwarzem Roggenmehl und heißem Wasser gemacht und hält vierzig Jahre und länger. Wir bekommen oft alte Hosen herein; was mit Pappmehl geklebt ist, bringt man fast nicht auseinander."

Nach wochenlanger Arbeit liegt die fertig zusammengenähte Lederhose, mit Hirschknöpfen verziert, auf Peter Ahamers Arbeitstisch.

Mit einer Handbürste wischt er noch etliche Male über sein jüngstes Werk. Der Säcklermeister wirkt zufrieden. „Das Schönste ist, wenn wieder eines unserer kleinen Kunstwerke fertig ist und ich dann sehe, wie sich die Kundschaft beim Abholen freut", erzählt er strahlend. „Das ist für mich direkt ein Teil vom Lohn – eine Riesenfreude auch für mich."

Am 1. August 2012 hat Rudolf Daxner, der seit 1995 im Betrieb von Leder Ahamer arbeitet, den Betrieb übernommen und führt ihn unter dem Namen Leder Daxner fort.

Rudolf Steflitsch-Hackl

„Goiserer"-Maßschuhmacher

„KAISER FRANZ JOSEPH

hatte von der Errungenschaft des ‚Goiserers‘ gehört und hat sich für sich und seine Frau Schuhe machen lassen. Und was der Kaiser besitzt, wollten natürlich auch die Fürsten und Grafen haben. So war der Kaiser das erste Testimonial für meinen Großvater, der die ‚Goiserer‘ damals gemacht hat", freut sich Schuster Rudolf Steflitsch-Hackl.

Geadelt durch den Kaiser trat der Bergschuh von Bad Goisern im Salzkammergut aus seinen Siegeszug an. In derselben Werkstatt wie seine Vorfahren fertigt Rudolf Steflitsch-Hackl die echten Goiserer in dritter Generation.

Ein Wanderunfall hatte den Erfinder der Goiserer, Franz Neubacher, im späten 19. Jahrhundert inspiriert. Nachdem er in eine Senke gestürzt war, schaffte es der Schuster kaum, sich aus eigener Kraft aus der Doline zu befreien. Die Schuld dafür gab er seinen steifen, abrutschenden Schuhen. Zu Hause tüftelte er nächtelang an der Herstellung eines widerstandsfähigen und zugleich biegsamen Schuhs und erfand den Goiserer, der durch Einstich- und Aufdoppelnaht biegsam war und durch Eisennägel in der Sohle trittsicher.

Was die Schuhe weiterhin so besonders macht, sind Handfertigung, Zwienaht und Maßarbeit. Wer sich von Rudolf Steflitsch-Hackl Goiserer machen lassen will, muss mindestens einmal in seine Werkstatt kommen, um Maß nehmen zu lassen. Auch wenn der Goiserer in seiner Urform ein Bergschuh war, ist er an kein bestimmtes Modell gebunden. Jedes beliebige Modell lässt sich in der Machart des Goiserers fertigen. Die Wartezeit für ein Paar beträgt über ein Jahr, denn Rudolf Steflitsch-Hackl ist der einzige Schuster im Alpenraum, der ihre Herstellung noch beherrscht.

Dementsprechend wertvoll ist die Sammlung seiner historischen Schablonen, nach denen der Schuhmacher die Lederteile für seine Goiserer zuschneidet. Das Leder kauft er ausschließlich bei Gerbern, die er persönlich kennt. „Es ist eine Art Puzzlespiel, man fügt dann eben Teil für Teil zusammen", gibt sich der Handwerker bescheiden. „Gezeichnet von meinen Vorfahren habe ich hier Muster für alle möglichen Goiserer, von Haferlschuhen bis zu Golfschuhen. Für den jeweiligen Kunden suche ich mir die passende Vorlage."

Mit einer alten Schneidemaschine dünnt der Schuster die einzelnen Lederteile am Rand aus, um sie mit der Nähnadel durchdringen zu können. In der Werkstatt von Rudolf Steflitsch-Hackl stehen keine modernen Maschinen. Elektronik sucht man hier vergeblich. Der Vorteil der rustikalen Gerätschaften liegt für den Schuster vor allem darin, dass er sie jederzeit selbst reparieren kann. Eine der Nähmaschinen wird überhaupt nur mehr durch körperlichen Einsatz betrieben, denn der Schuster hat den Motor ausgebaut. Mit der Kraft der Füße am mechanischen Pedal lässt sich das Tempo der Nadel nämlich exakter kontrollieren, so Steflitsch-Hackl. Das sei nötig, um besonders

dickes Leder mit aufwendigen Ziernähten verschönern zu können.

Weil ein Schuh immer nur so robust ist wie der Faden, der seine Teile zusammenhält, bedarf auch seine Herstellung besonderer Sorgfalt. Alle Fäden zum Vernähen der Sohle werden von Hand gefertigt und verstärkt, damit der Goiserer auch bei schwerer Belastung im Gebirge nicht aufreißt. Der Faden der Goiserer selbst besteht aus „Schusterdraht". Dieser wird 25-fach aneinandergelegt, mit Pech eingelassen und schließlich gedreht. Genäht wird damit zuerst die erste Naht, die Oberleder und Brandsohle stabil verbindet. Die Brandsohle wird zum Herzstück des fertigen Schuhs, indem sie Oberteil und äußere Schuhsohle fest zusammenhält.

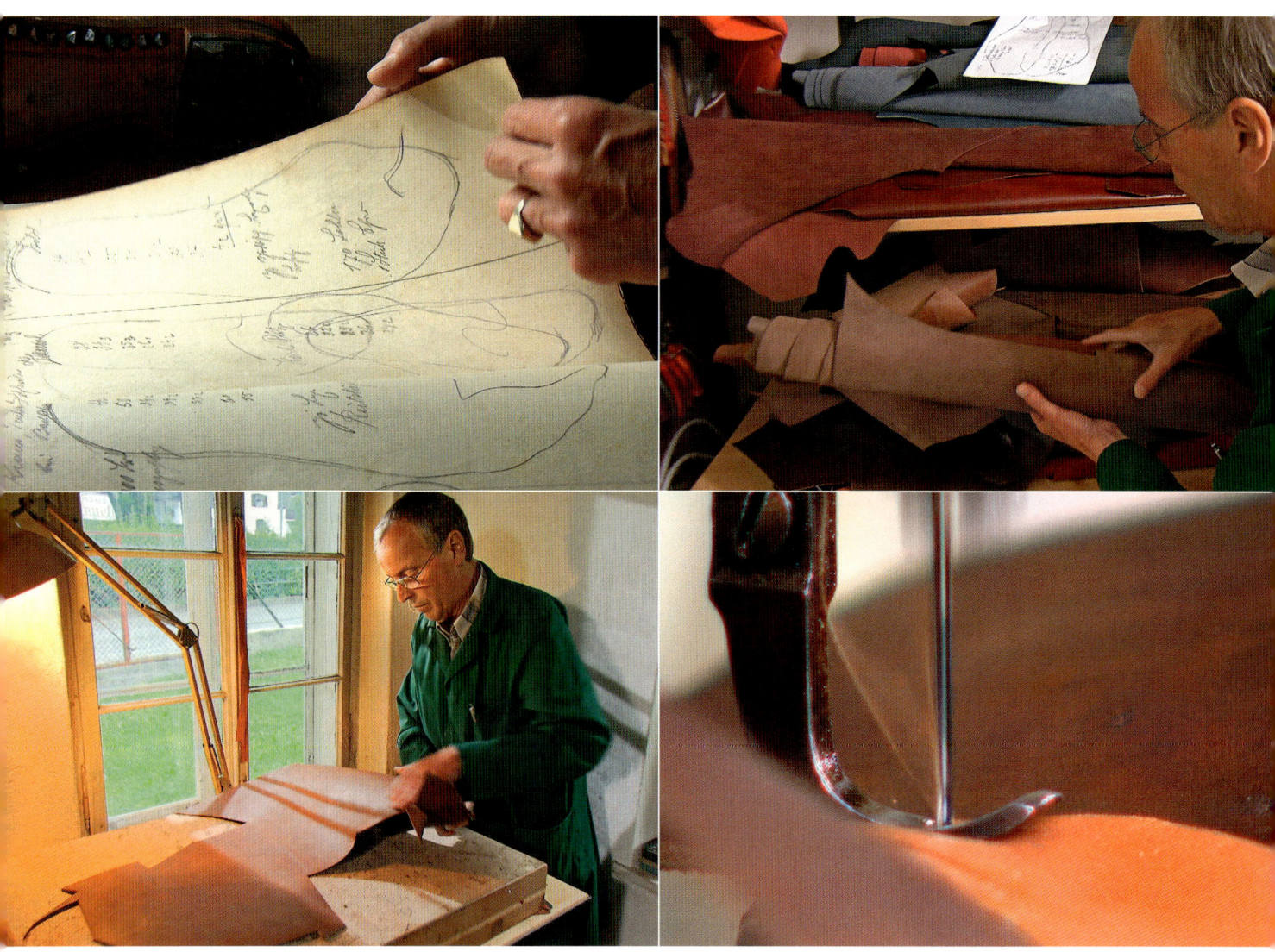

Die dicken Nadeln, mit deren Hilfe der Faden seinen Weg durch Sohle und Leder findet, werden seit einiger Zeit nicht mehr produziert. Die industrielle Fertigung lohnt sich nicht mehr. Um den Goiserer muss man sich den
noch keine Sorgen machen: Rudolf Steflitsch-Hackl hat nämlich vorsorglich schon alle Restposten aufgekauft. „ Es gibt eigentlich keine Alternativnadel dazu, weil ich für fast jede Naht eine andere Biegung brauche und norma-

le Nadeln nicht verformbar sind", erklärt der Schuhmacher. „In Schusterkreisen werden die Nadeln heute fast wie Gold gehandelt."

Um auch die Sohle zu stabilisieren, verstärkt sie der Schuhmacher mit einem Metallblatt zwischen Brand- und Gummisohle. Es verhindert das Abknicken der Schuhe. Weil die sogenannte Gelenkfeder aber auch in gut gearbeiteten Halbschuhen steckt, schlagen Metalldetektoren an Flughäfen häufig wegen der Schuhe Alarm.

„Das größte Problem ist es eigentlich, gutes Sohlenleder zu bekommen. Früher haben diese Leder bis zu acht Monate gegart und waren dadurch sehr widerstandsfähig. Heute sind die Garzeiten viel kürzer und die Qualität ist entsprechend schlechter", klagt Steflitsch-Hackl. Ein Goiserer muss trittsicher und wasserdicht sein, deshalb bekommt der Bergschuh Sohlen aus hochwertigem Gummi. Die Arbeitszeit für ein Paar Goiserer-Bergschuhe beträgt 14 bis 16 Stunden. Dann ist er zur Anprobe fertig. Wer bei Rudolf Steflitsch-Hackl Goiserer gekauft hat, kann sie ihm auch nach Jahren jederzeit zur Reparatur schicken. Für ein geringes Entgelt bekommt der Kunde innerhalb weniger Tage seine Schuhe frisch besohlt zurück.

Denise Pölzelbauer

Bäckerin

„IN EIN GUTES BROT gehören nur Mehl, Salz, Wasser und Natursauerteig." Mit dieser Philosophie hält die junge Bäckermeisterin Denise Pölzelbauer die Backtradition ihrer Vorfahren hoch und Fertigmischungen oder vorgefertigte Tiefkühlprodukte von ihrer Backstube im niederösterreichischen Brunn an der Pitten fern.

Als Grundlage für alle Brotsorten verwendet sie den hauseigenen Natursauerteig aus Roggenmehl, Milchsäurebakterien, Essig und Wasser. Der Teig, aus dem sie die Roggenbrote macht, ist sieben Jahre alt. Nach alter Tradition versucht die Bäckerin, ihren Sauerteig nie ganz aufzubrauchen, und verlängert ihn jeden Tag. So ist es die Reifezeit der Teige, die die Arbeitsschritte der jungen Bäckermeisterin bestimmt. Weil für dieses Handwerk neben einer guten Planung auch viel Erfahrung nötig ist, kommt Großvater Horst so oft es geht in die Backstube um zu helfen. Im Jahr 2006 hat er der damals erst 23-jährigen Denise den Betrieb als jüngster Bäckermeisterin Österreichs übergeben. Dabei hätte Denise den Knethaken zuvor beinahe gegen die Computertastatur eingetauscht.

Nach kindlicher Euphorie für den Bäckerberuf arbeitete sie als junge Frau dann doch als Bürokauffrau. „Ich wollte damals einfach nicht in der Nacht aufstehen, während meine Freunde alle ausgehen", beschreibt Denise Pölzelbauer ihre inzwischen verflogenen Zweifel, in die Fußstapfen des Großvaters zu treten. Dass sie ihre Meinung schließlich doch noch geändert hat, macht sie heute stolz: „Zur Meisterprüfung sind zwölf Leute angetreten. Ich war das einzige Madl, ich war die Jüngste und die einzige mit Auszeichnung. Das war dann schon cool."

Gemeinsam versuchen Großvater und Enkelin weiterhin möglichst wenig maschinell zu produzieren. Brot, Semmeln und Salzstangen werden handgefertigt. Alt ist auch der Steinofen in der Backstube. 132 Jahre hat er auf dem Buckel und ist damit einer der letzten seiner Art in Österreich. Seit es ihn gibt, wird er täglich aufgeheizt, auch an Sonntagen, an denen die Bäckerei geschlossen hält. So wird verhindert, dass die Schamottplatten im Inneren auskühlen und dadurch brüchig werden.

„Wichtig ist für mich, mit dem Natürlichen erfolgreich zu sein", beschreibt Denise Pölzelbauer ihre Motivation. Massenproduktion schließt sie dezidiert aus. „Es gibt viele Bäckereien, die haben zehn Filialen und da passiert so viel, das will ich nicht. Es ist mir lieber, einfach ein Geschäft zu haben und das ist dafür super. Deshalb habe ich in den vergangenen sechs Jahren alle Filialen außer dieser neben der Backstube geschlossen. Das funktioniert für mich wunderbar." Im Angebot hat die Bäckerei Pölzelbauer insgesamt 15 Brotsorten, vom Bauernbrot nach Familienrezept bis hin zum Currylaib.

Ist der Brotteig fertig, wird er in die Korbschüsseln – auch „Simperln" genannt – portioniert. Obenauf kommt eine letzte Prise Anis oder Fenchel. Ab zwei Uhr früh backen Denise

Denise Pölzelbauer
BÄCKERIN

Pölzelbauer und ihre Mannschaft etwa 250 Brotlaibe. Bevor sie in den Ofen „geschossen" werden, müssen die Laibe eine Stunde lang ruhen, also stehen gelassen werden. Zeit, um den rustikalen Steinofen auf Temperatur zu bringen. Ohne sich auf ein Thermometer verlassen zu können, verleiht die Bäckerin den zwei Gasflammen im Backofen mit viel Gefühl die nötige Stärke. Ist diese erreicht, sticht die Bäckerin mit einem Dorn ein Loch in jeden Laib. So können beim Backen Luft und Gase optimal entweichen. Ein Spritzer Wasser an der Teigoberfläche vor dem Backen lässt die Kruste des Brotes später schön glänzen.

Im Ofen speichern die von Gasflammen erhitzten Schamottsteine die Wärme, die sie gleichmäßig wieder abgeben. Seit Jahrtausenden wird mit ihrer Hilfe gebacken. Bereits nach fünf Minuten im Ofen haben die Laibe ihre blasse Farbe verloren und schimmern goldbraun. Ob es im Ofen aber wirklich heiß genug ist, muss die Bäckerin noch herausfinden. Dazu holt sie einen Brotlaib aus dem Ofen und klopft an seine Unterseite. Klingt der Brotlaib hohl, ist die Temperatur hoch genug und liegt bei rund 210 Grad. Nach 50 Minuten sind die Roggenbrote fertig gebacken.

Ein Teil der Produktion geht jede Nacht nach Wien, wo ausgewählte Geschäfte schon auf die Pölzelbauer-Brote warten. Nach sieben Stunden in der Backstube ist für Denise um sieben Uhr früh der erste Teil des Arbeitstages geschafft. Während sich die Bäckerin etwas ausruht, übernehmen Mutter und Großmutter den Verkauf im Laden.

Gegründet wurde die Bäckerei Pölzelbauer von der Urgroßmutter der heutigen Inhaberin. Ihr großes Vorbild hat Denise aber in ihrem Großvater und Lehrmeister Horst gefunden, und das nicht nur beruflich. „Der Opa war für mich schon als Kind der große Macher hier in der Backstube", erinnert sich Denise. „Durch die Art, wie er das Gesamtprogramm Arbeit, Familie Freunde und Hobbys geschafft hat, ist er für mich aber auch ein Meister des Lebens." Obwohl es auch einmal Meinungsverschiedenheiten gibt, sind Opa und Enkelin ein perfekt eingespieltes Team. Das größte Anliegen des Seniorchefs: „Ich wünsche mir, dass die Denise das weitermacht und dass sie mit ihrer traditionellen Arbeit Erfolg hat."

Dieser Herzenswunsch hat jedenfalls gute Chancen sich zu erfüllen. Denise ist Bäckerin mit Leib und Seele. „Mir gibt das tausendmal mehr, als stundenlang in eine Tastatur zu hämmern", sagt sie. „Eine neue Sorte Brot aus einer Idee mit den eigenen Händen zu erschaffen, das ist eine erdige Arbeit – etwas Gutes."

die einzelnen Ölzellen kaputt gemacht werden."

Um das wertvolle Öl in den Nadeln vor Austrocknung zu schützen, füllt Franz Niederkofler die Nadeln sofort nach dem Häckseln in einen dampfenden Destillierkessel. „Ich lasse den Dampf durch, damit sich das Ganze absetzt", erklärt der Ölbrenner. Ist der Kessel annähernd voll, klettert er selbst hinein, um das Material mit seinem Gewicht noch zu verdichten. „Die Nadeln verlieren durch den Dampf fast ein Drittel ihres ursprünglichen Volumens", erklärt er. „Das heißt, ich muss immer wieder nachschöpfen und stampfen. Man könnte sie natürlich auch durch eine Presse jagen, aber dann wird es nicht so. Wo der Dampf hochkommt und an welcher Stelle noch Kiefernnadeln fehlen, das hat man im Gespür."

Nachdem er den zweieinhalb Meter hohen Dampfkessel gut mit Latschennadeln gefüllt hat, schließt er den silbernen Deckel. „Man muss sich das so vorstellen: Jede Nadel hat winzig kleine Ölzellen. Der von unten aufsteigende Wasserdampf bringt diese Ölzellen zum Platzen und zieht das Öl mit nach oben", erklärt Franz Niederkofler den Vorgang. „Dieses Gemisch von Öl und Wasserdampf wird gesammelt, über ein

Metallrohr abgeleitet und gekühlt." Der Dampf wird auf diese Weise wieder flüssig und läuft als Öl-Wasser-Gemisch in eine Florentinervase.

Nebenan nutzt Franz Niederkofler eine kleinere Destillieranlage, um sein bewährtes und traditionelles Handwerk weiter zu perfektionieren. „Weil ich auch oft feststelle, dass Pflanzen zu unterschiedlichen Jahreszeiten andere Wirkstoffe enthalten. Ich mache hie und da auch mal Analysen, wie viel Wirkstoff drinnen ist, damit ich auch die Natur besser durchschaue."

Nach vier Stunden hat der Wasserdampf das Öl vollständig aus den Nadeln im großen Kessel herausgelöst. Franz Niederkofler leert die warme Masse aus dem Behälter, dabei zieht der Latschenduft hinaus ins Tal. Die Florentinervase beim großen Kessel ist voll geworden und Franz Niederkofler kann das obenauf schwimmende Latschenöl abschöpfen. „Ich denke mir immer, wenn ich aus diesem riesigen Haufen Pflanzen ein ätherisches Öl mache: Ein Tropfen Öl ist ja nicht nur ein Tropfen Öl, es ist eine riesige Menge an Pflanzen, eben hochkonzentriert. Das ist etwas ganz Wunderbares."

Der letzte Latschenölbrenner Südtirols wünscht sich indes fest, sein fast vergessenes Handwerk möge weiterleben. „Es wäre schade, wenn das ganze Wissen, das wir uns in hundert Jahren erarbeitet haben, einfach verloren ginge", meint Franz Niederkofler nachdenklich, aber hoffnungsvoll. „Ich habe ja zwei Töchter, die sind 17 und 21 Jahre alt. Im Moment ist das Interesse zwar nicht so groß, aber das kann sich ja noch ändern."

hervorragender Sänger und Instrumentalist. Er war es auch, der mir die erste Trompetenstunde gegeben hat", erinnert sich Peter Baumann, während er die alte C-Trompete seiner Kindheit hervorholt. „Groteskerweise ist er gestorben, als ich meine erste fundierte Unterrichtsstunde bei einem Lehrer gehabt habe. Danach habe ich mit dem Musikspielen nicht wieder aufhören wollen, weil ich sonst ein furchtbar schlechtes Gewissen dem Opa gegenüber gehabt hätte."

Im Alter von zwölf Jahren hat Peter Baumann dann begonnen, auch Flügelhorn zu spielen. Der Instrumentenbauer, der ihm sein Flügelhorn gemacht hat, wurde später sein Lehrmeister. „Das ist 25 Jahre her, so lange bin ich schon Blechblasinstrumentenbauer", erzählt er lächelnd.

„Der nächste Arbeitsschritt ist, dass wir den Becher rausdrücken", erklärt Peter Baumann, während er das Schallstück auf eine Maschine steckt, die den Trichter schnell um die eigene Achse rotieren lässt. Um den Trichter zu weiten, drückt er mit einem Stück Buchenholz gegen die Innenseite des Trichters. Zwischendurch erhitzt er den Trichter immer wieder unter der Gasflamme, sodass er „weich" bleibt und nicht reißt. „Bei dickerem Material ist das alles kein Problem, da ist genügend „Fleisch" da, dass man das Ganze gut strecken kann", meint der Meister. „Wenn aber ein Schallbecher so dünn ist wie der, muss man sehr behutsam damit umgehen und ihn langsam rausdrücken."

Die mühsame Arbeit macht sich jedenfalls bezahlt, ist Peter Baumann überzeugt. „Man spricht von einem Blattschallstück, wenn der Schallbecher aus einem Zuschnitt ist und eine Längsnaht hat. Er ist also aus einem Stück ge-

macht und gehämmert. Ganz anders als in der Fabrik, wo die Schallbecher aus verschiedenen Teilen gemacht werden. Im Vergleich zu einem Fabrikerzeugnis haben meine Instrumente eine wesentlich leichtere Ansprache. Das heißt, der Bläser haucht einen kleinen Tick Luft hinein und das Ding springt sofort los."

Nachdem Peter Baumann das Schallstück in Form gebogen hat, beginnt er flüssiges Blei über den Trichter in das Rohr zu gießen. Nach einer Stunde ist es auf Handwärme abgekühlt. Die ideale Temperatur, um das Rohr zu biegen. „Das ist mir wichtig, dass ich das in der alten Tradition mache", sagt der Handwerker. „Ich bin mir sicher, dass es das ‚Bleibiegen' gibt, seitdem Blechblasinstrumente gebaut werden – mit Sicherheit aber schon seit 300 Jahren." Ganz altmodisch geht Peter Baumann in seiner Werkstatt allerdings nicht vor. Das lange Rohr am Trichter befestigt er an einer Biegevorrichtung, die ihm die Arbeit erheblich erleichtert. „Erstens kann man das Schallstück damit in einem Zug biegen, und das auch noch sehr präzise, weil man eine Biegeschablone hat."

Außerdem sorgt das warme Blei im Rohr dafür, dass die Außenbahn des dünnen Rohres nicht gestreckt wird. „Das Gute beim „Bleibiegen" ist, dass man sehr dünne Rohre biegen kann, ohne dass man irgendetwas beschädigt", erklärt Peter Baumann. „Unterm Strich heißt das, das Schallstück hat am Ende immer noch rundherum die gleiche Wandstärke."

Hat das Flügelhorn seine gewünschte Form, geht es ans Polieren. Einen ganzen Tag lang dauert es, bis der Messingkorpus golden schimmert. Arbeit abgeben, das kann und will der Handwerker nicht. „Es gibt so einen Spruch", sagt er schmunzelnd, „viele Köche verderben

den Brei. Ich will nicht überheblich sein, aber man hat eine andere Kontrolle über die ganze Herstellung von einem Instrument, wenn man wirklich von A bis Z alles selbst macht."

Das gilt auch für die Mechanik, die dem Flügelhorn nun noch fehlt. Jedes Röhrchen und jedes Drückwerk am sogenannten Maschinenstock fertigt Peter Baumann selbst. Hier ist Genauigkeit bis in den Bereich von zwei hundertstel Millimetern gefordert. „Ein Zug in einem Instrument ist eigentlich eine Verlängerung des kompletten Instrumentenrohres", erklärt der Handwerker. „Der erste Zug verlängert das Instrument um einen ganzen Ton. Der zweite um einen halben Ton. Und der dritte Zug verlängert es um eineinhalb Töne. Mit den Kombinationen kann man eine ganze Oktave spielen."

Das fertige Instrument schickt Peter Baumann nach Wien zum Vergolden. Nach drei Tagen hat er sein neues Flügelhorn wieder im Haus. Nachdem er einen kritischen Blick auf das golden schimmernde Instrument geworfen hat, wirkt der Instrumentenbauer erleichtert. „Es ist immer ein super Gefühl, wenn es wieder heil zurückkommt und auf dem Postweg nicht beschädigt wurde", sagt Peter Baumann. Wer ihm zusieht, wie er das neue Instrument wieder und wieder kontrolliert und poliert, ist nicht sicher, ob er es je zum Verkauf aus der Hand geben wird. Doch auch das gehört zu seinem Handwerk. „Ich mache das so, weil ich das Instrument einfach in einem absolut makellosen Topzustand übergeben will. Und das muss auch so sein", sagt der Instrumentenbauer überzeugt.

Kurt Freimüller

Sattler

„MEIN LEBEN aus der Kraft meiner Hände Arbeit zu bestreiten, sehe ich gerade in der heutigen Zeit als Privileg", beschreibt der 35-jährige Sattlermeister Kurt Freimüller die Vorzüge des Handwerkerberufs. In seiner Familie ist Kurt der erste Sattler. Schon während der Schulzeit bemerkte er, dass er aus der Reihe fiel, weil er sich zum Handwerk hingezogen fühlte. Nach der Matura arbeitete er zwei Sommer lang als Cowboy auf einer Ranch in den USA. Zurück in seiner Heimat Kärnten entscheidet sich Kurt Freimüller, den Beruf des Sattlers zu erlernen.

Schon im Alter von 24 Jahren macht sich der zielstrebige junge Mann selbstständig. Seine Sattlerei eröffnet er im idyllischen Krumpendorf am Wörthersee, im Gebäude der ehemaligen Schlossmühle mit angeschlossenem Pferdestall. Genau dort beginnt auch die Arbeit des Sattlers mit dem Maßnehmen am Pferd, an dessen neuem Sattel er die kommenden vier Wochen arbeiten wird.

„Ich brauche drei Maße", erklärt Kurt Freimüller, „das eine Maß ist die Form rund um den Widerrist, das zweite die Form um das letzte tragende Rippenpaar und das dritte Maß, die oft ausschlaggebende Form, ist der Schwung der Wirbelsäule – genau im Bereich, wo der Sattel aufliegt."

Mit diesen Maßen zeichnet Kurt Freimüller die Schablonen für den Schmied, der die zwei Eisen fertigt, die den Sattel in Form halten. Aus der Sicht des Sattlers ist es das Wichtigste bei einem Sattel, „dass er dem Pferd gut passt", es also durch ihn nicht verletzt wird. Nichts weniger als die Verbindung aus perfektem Handwerk und maximalem Komfort ist es, was Kurt Freimüller erreichen will. Den spanischen Hirtensattel „Montura Vaquera" hält er für den bequemsten unter allen, für Pferd und Reiter. Die hohe Kunst der spanischen Sattler hat sich Kurt Freimüller nach seiner Lehre in traditionellen Betrieben in Andalusien angeeignet.

„Der Zuschnitt des Leinenstoffs für den ‚Montura Vaquera' ist auch unter Spaniens Sattlern ein Geheimnis", verrät Kurt Freimüller, „und das will ich auch wahren." Nur so viel: „Es sind zwei Schichten Leinen, die ich zum ‚Sattelbaum' – der Grundlage des Sattels – vernähe." Die eingenähten Rillen füllt Kurt Freimüller mit Stroh. Anders als bei anderen Sätteln ist der Sattelbaum dadurch nicht starr, sondern biegsam. Das Stroh im Inneren passt sich den Bewegungen des Tieres an, sodass die Verbindung zum Pferderücken mit jedem Ritt besser wird.

Kurt Freimüller verwendet dafür ausschließlich Dinkelhalme: „Bis jetzt ist nichts erfunden worden, das besser funktioniert als Dinkelstroh. Es ist schön lang, gerade und tendiert am wenigsten zum Schimmeln."

Vorne und hinten am fertig gefüllten Sattelbaum näht der Sattler die zwei Eisen fest, die ihm der Schmied gemacht hat. Danach kann er sich der nächsten Schicht des Sattels widmen: Ungegerbte Rinderhaut verkleidet den Sattelbaum. Erst nach 24 Stunden im Wasser ist

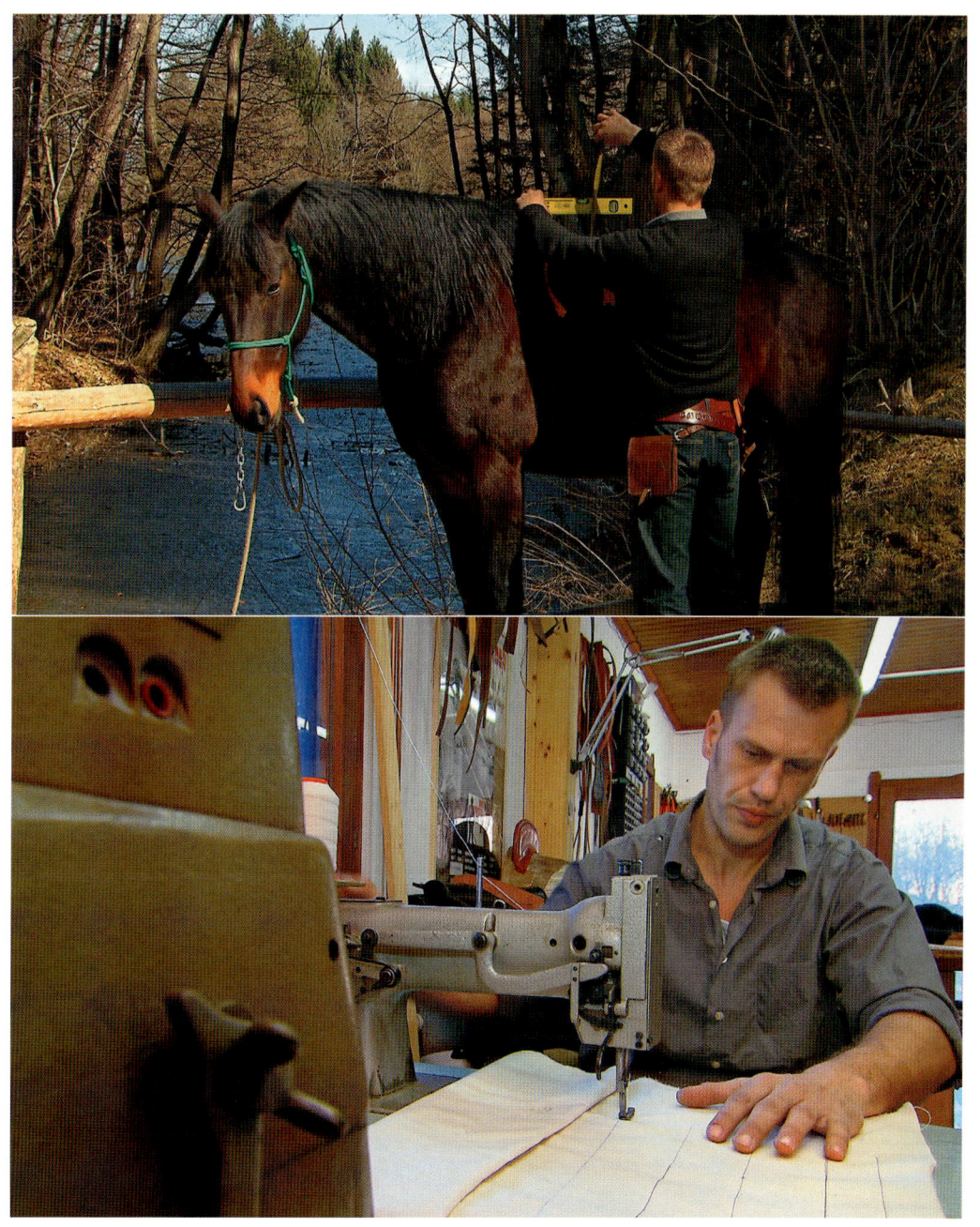

Kurt Freimüller
SATTLER

die Rohhaut elastisch genug, um vom Sattler aufgenäht zu werden. „Dadurch, dass sie eingeweicht worden ist, kann man sie über alle Biegungen praktisch faltenlos drüberziehen", erklärt Kurt Freimüller, „und wenn sie trocknet, zieht sie sich stark zusammen und wird steif, sodass der Sattel richtig fest wird."

Die etwa fünf Millimeter dicke Rinderhaut über den Sattelbaum zu ziehen, erfordert Kraft, genau wie das Durchstechen mit der Nadel beim Vernähen. Eineinhalb Tage braucht Kurt Freimüller für das Aufziehen der Haut, weitere zehn Tage vergehen, bis sie getrocknet ist.

Ein lederner Überzug verleiht dem Sattel

eine edle rotbraune Farbe. Dafür vermisst Kurt Freimüller das kostbare Rindsleder. Ein Material, vor dem der Sattler besonders am Anfang seines Berufslebens große Ehrfurcht hatte. „Zum Teil bin ich stundenlang vor einer Haut gestanden und hab mich nicht getraut hineinzuschneiden", erinnert er sich. „Denn ich weiß, das Material kommt von Tieren und da wäre es für mich eine furchtbare Verschwendung, etwas wegwerfen zu müssen."

Der junge Sattlermeister verarbeitet nur pflanzlich gegerbtes Leder – es altert schön und wird nicht brüchig. „Leder ist für mich wirklich

etwas ganz Besonderes", beschreibt Kurt Freimüller seine Leidenschaft für das Handwerk. „Über längere Zeit mitzuerleben, wie sich das Material unter meinen Händen verändert, das finde ich einfach super." Mit dem scharfen „Halbmond" lassen sich die Einzelteile des wertvollen Leders für den Überzug exakt zuschneiden. Vier Teile sind es insgesamt, die der Sattlermeister anschließend über viele Stunden mit der Hand zusammennähen wird, um den Sattelbaum formvollendet zu verkleiden.

Auch den Überzug näht Kurt Freimüller mit der Hand. Nicht nur weil er Handnähte schö-

ner findet, sondern weil sie seiner Erfahrung nach viel haltbarer sind, und das ist dem Sattlermeister besonders wichtig. „Ich weiß, dass ganz viele Produkte, die ich in meiner Werkstatt mache, mich selbst überleben werden. Das schätze ich sehr."

Die Mühen des jungen Sattlers scheinen sich zu lohnen. Kurt Freimüller ist für seine sorgfältige Handarbeit weitum bekannt. Längst hat es sich herumgesprochen, dass es in Krumpendorf einen ganz besonderen Sattlermeister gibt, der außer Sätteln und Reitzubehör auch noch andere, kleinere Lederwaren herstellt. „Das war schon schwierig am Anfang, von null anzufangen und sich einen Kundenstock zu erarbeiten", denkt der Sattler heute zurück. „Natürlich hat es Momente gegeben, in denen ich daran gezweifelt habe, den richtigen Weg eingeschlagen zu haben. Überwogen haben aber immer die Zeiten, in denen ich wusste: Ich tue das Richtige."

Ein altes, aussterbendes Handwerk am Leben zu er-

halten und mit neuen Impulsen zu versehen ist Kurt Freimüllers ehrgeiziges Ziel. „Hin und wieder ist das ein bisschen schwierig, weil man keine Kollegen hat oder nur wenige, mit denen man sich austauschen kann. Auf der anderen Seite hab ich so ein bisschen das Feeling vom letzten Mohikaner, und das ist mir eigentlich ganz recht."

Luca Distler & Florian Pichler

Messermacher

DIE ZEITEN, in denen Florian Pichler und Luca Distler aus Kostengründen Schrottplätze und Alteisencontainer nach Blech für ihre Messer durchsuchen mussten, sind vorbei. In den vergangenen acht Jahren haben sich die zwei Freunde in Aschau im Chiemgau mit hochqualitativen Messern aus Damast-Stahl einen Namen gemacht.

„Diese Schärfe, die eine Klinge haben kann, hat mich einfach gepackt", schildert Luca Distler, der eigentlich Kunstschmied gelernt hat, seine Begeisterung für die Herstellung unglaublich scharfer Damaszenermesser. Zur Veranschaulichung hält Luca eines seiner Messer mit der scharfen Seite nach oben. Die Tomate, die er darauf plumpsen lässt, teilt sich durch das Messer völlig mühelos in zwei Hälften – die Klinge gleitet durch die Tomate wie durch Butter. „Das ist jetzt der sauberste Schnitt, den man sich vorstellen kann", sagt Luca Distler, „kein Ausfransen, keine Fetzen, einfach ein glatter Schnitt – so muss es sein und nicht anders."

Als Ausgangsmaterial für die Damaszenermesser verwendet Luca Distler zusammengeschweißte Stahlplatten aus verschiedenen Legierungen. In den vergangenen acht Jahren hat er mit seinem Kollegen eine eigene Damast-Stahlrezeptur entwickelt. Sie besteht aus einer besonders harten Stahlsorte und zwei weicheren. „Nur durch die Verbindung, also das Verschmieden der unterschiedlichen Stahlsorten, komme ich zu einer harten Schneide mit einer Klinge, die dennoch flexibel ist", erklärt der passionierte Messerschmied. „Der harte Stahl alleine würde brechen und der zähe Stahl alleine wäre zu weich für eine standhafte Schneide."

Die Stahlschichten des Ausgangsblocks verbindet Luca Distler beim Feuerschweißen. Die wenigsten Messermacher beherrschen diese Kunst. Dafür muss das Feuer im Steinkohleofen den Stahlblock auf die perfekte Schmiedetemperatur erhitzen: 1200 Grad Celsius. Wann es so weit ist, stellt der Messerschmied mit freiem Auge fest. „Die richtige Temperatur erkenne ich an den Glühfarben vom Stahl, Plusminus 15 Grad. Das ist reine Übungssache."

Durch schwere Hammerschläge auf den Block verbindet Luca Distler die Stahlschichten miteinander, „der Block ist danach wie aus einem Guss", beschreibt er den Vorgang genauer. „Danach sieht man durch die verschiedenen Legierungen vielleicht einen Farbunterschied, aber es ist dann wie aus einem Stück."

Erhitzen und mit dem Hammer verdichten. Diesen Prozess muss der Messerschmied nun mehrmals wiederholen, bis das Stahlpaket fertig ist zum Einkeilen. Der Block seines ersten Arbeitsschrittes bestand aus fünf Lagen. „360 brauche ich insgesamt, um die Qualität zu bekommen, die ich mir erwarte von meinem Stahl", erklärt Luca Distler, den bei dieser Arbeit nicht nur die Hitze des glühenden Stahls zum Schwitzen bringt. Gelernt hat er diese Feuerschweißtechnik in seiner Kunstschmiedeausbildung, perfektioniert hat er sie in seiner Freizeit.

Auch Lucas Kollege sitzt nicht untätig in der Werkstatt, während dieser den Stahl traktiert. „Den perfekten Messergriff schaffen", das hat sich Florian Pichler zur Aufgabe gemacht. Aus welchem Material er ihn fertigt, macht er vor allem vom Verwendungszweck abhängig. „Traditionelle Griffmaterialien sind grundsätzlich Hölzer, Hörner, Knochen, Zähne, das heißt Elfenbein oder andere Varianten von Zähnen. Hier gibt es Materialien, die reagieren eben mehr auf Feuchtigkeit, Temperaturen oder andere Umwelteinflüsse, und andere, die tun das weniger."

Das edle Messer im Jagdstil, das ein Kunde bestellt hat, wird einen Griff aus Mammut bekommen. Florian Pichler schleift die zwei Scheiben, die am fertigen Messer direkt an der Klinge sitzen werden, perfekt plan. Material stundenlang auf hundertstel Millimeter

genau zu trimmen, daran ist Florian Pichler als gelernter Zahntechniker gewöhnt. Florian und Luca kennen sich seit Kindertagen. Gemeinsam haben sie sich vor acht Jahren dazu entschlossen, ihre Fähigkeiten für den Beruf des Messermachers zu bündeln. Um einem der ältesten Handwerke der Welt neue Impulse zu geben, haben sie sich in der 200 Jahre alten Werkstatt eingemietet: Sie schmieden Messer für Jäger, Köche und passionierte Sammler.

„Luca bringt eben Know-how aus dem klassischen Metallausbildungsbereich mit", erzählt Florian, „und ich arbeite mehr im Bereich der Materialien und der Übergänge zwischen unterschiedlich harten Materialien. Das ist artverwandt mit der Zahntechnik."

In der gegenüberliegenden Ecke der Werkstatt hat Luca das Hämmern auf die glühen-

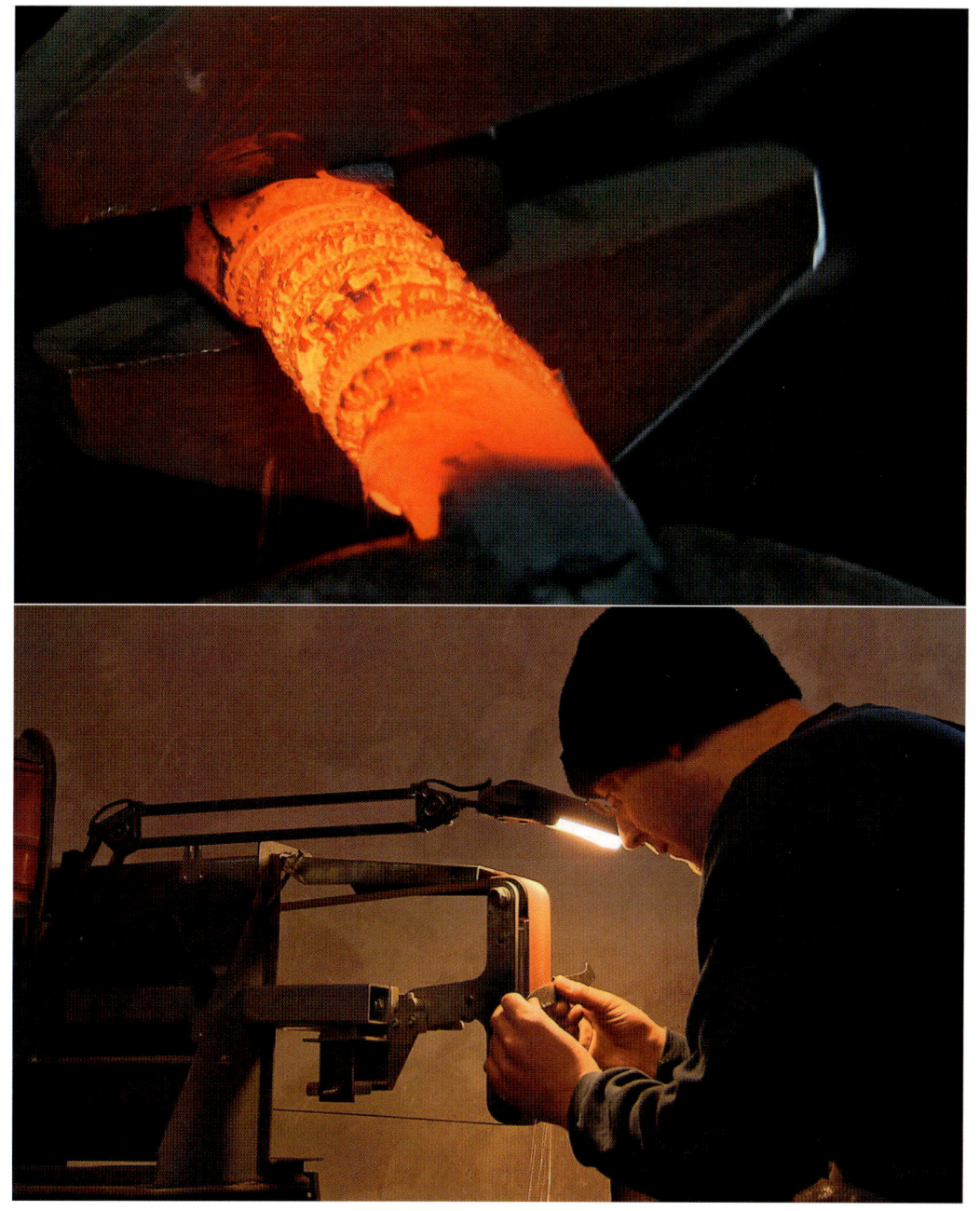

den Stahlschichten inzwischen eingestellt. „Das ist der fertige Stahlriegel, aus dem man Messer schmieden kann", präsentiert der Messerschmied stolz sein Stahlpaket aus 360 Lagen Stahl. Noch bevor der glühende Riegel auskühlt, wird er eingekeilt und Luca Distler beginnt, ihn zu „verwinden". Das verleiht der Klinge später ein besonders schönes Muster. Hämmernd und schleifend formt Luca Distler den Rohling der Klinge, der – sobald er fertig ist – direkt in Florians Hände wandert. Am Flachschleifer bringt er die fertig ausgeschmiedete Klinge in Form. „Die Flächen oben und unten sind danach genau parallel und die Dicke stimmt aufs Hundertstel genau", versichert der Messermacher, der sich selbst als „Präzisions-Fanatiker" bezeichnet. Mit diesem Arbeitsschritt verleiht Florian Pichler dem bislang noch stumpfen Messer seinen silbernen Glanz und gleich anschließend auch die Schärfe, indem er zwei schräg zulaufende Seiten in die Klinge des Damaszenermessers schleift, freihändig und hoch konzentriert. „Das ist einer der schwierigsten Arbeitsschritte beim Messermachen", betont Florian Pichler, „an dieser Stelle verhaut man das Messer oder bringt ein großartiges Werkzeug zustande."

Um den Stahl dauerhaft zu härten, muss die Messerklinge neuer-

lich in einem Ofen erhitzt werden; nach nur drei Minuten sollte sich der Kohlenstoff gleichmäßig im Metall verteilt haben. Im Ölbad wird die Klinge abgeschreckt, der Kohlenstoff kann nun nicht mehr in seine Ausgangslage zurück und die Stahlklinge ist dauerhaft gehärtet.

Erst jetzt, da die Klinge fertig ist, bauen die Messermacher die Backen auf, wie sie die Metallabschlüsse vor dem Griffstück nennen. Dann wird der Griff montiert und seine Form herausgearbeitet. Als einen Höhepunkt im Arbeitsprozess empfinden die Damaszenermessermacher das Säurebad. Hier entsteht das typische Muster, wie man es von Damaststoffen kennt. Es bildet sich durch die unterschiedliche Reaktion der verschiedenen Stahlsorten in der Klinge mit der Säure, wobei sich an der Klinge unterscheidbare Farben entwickeln. Auf diese spezielle Eigenart stellt auch die Bedeutung des Begriffs „Damas" ab, was auf Arabisch so viel bedeutet wie „fließend, wässrig".

Nach unzähligen Stunden Arbeit verpasst Florian Pichler dem Jagdmesser nun den letzten Schliff. „Eine Schneide hat einen bestimmten Winkel, der soll auf einer Seite zwischen 15° und 20° betragen. Und diesen Winkel ständig beizubehalten, ohne ihn zu verändern, ist die Kunst."

Die Kunst des „Messermachens" ist für Florian und Luca ihre Art, sich selbst zu verwirklichen. „Wenn ich anstreben würde reich zu werden, dann hätte ich wahrscheinlich eine Bankkaufmannlehre gemacht oder so etwas", sinniert Florian, „dafür steckt in jedem Messer, das hier rausgeht, etwas von mir und meinem Kollegen drin."

„ICH WÜRDE fast sagen, Wildholzmöbel verzaubern", beschreibt der Tischlermeister Ernst Maier die Freude seiner Kunden
über die ungewöhnlich aussehenden Einrichtungsgegenstände. Weil seine blauen Augen
dabei zu leuchten beginnen, kann man nicht
umhin, ihm zu glauben. „So banal es klingt",
erzählt Ernst Maier weiter, „jeder kennt die Haselnuss, wenn er spazieren geht. Die Formen
sind total vertraut, aber bei einem Möbel sind
sie ungewohnt zusammengestellt, zum Beispiel
in Form eines Sessels. Und die Leute fasziniert
das. Es polarisiert auch ziemlich, entweder es
gefällt einem sehr oder gar nicht."

Der Dachboden seiner Werkstatt in Schlatt
in Oberösterreich beherbergt ein Wildholzlager, das diesen Namen verdient. Auf 350 m²
verteilt finden sich liebevoll geordnet Wurzeln,
Äste, Balken und ganze Stämme. Bestückt wird
das Lager ausschließlich von ihm selbst. „ Ich
schneide die ganzen Hölzer selber. Heute ist es
schon so, dass mich die Leute anrufen, wenn
sie irgendwo eine Hecke wegschneiden wollen,
weil sie ja wissen, dass ich die Sachen suche. Als
mein Lager noch nicht so groß war, hat es schon
sein können, dass die Kinder im Auto geschrien haben: ‚Papa schau auf die Straße!', weil ich
mich immer nach Hölzern umgeschaut habe."

Ernst Maier beginnt mit der Arbeit an jedem neuen Möbelstück inmitten seiner vielen
Holzstücke am Dachboden. „Oft ist es auch so,
dass ich mich vom Lager einfach inspirieren
lasse und schaue, was ich eigentlich da an Sonderwuchsformen habe. Dann stoße ich oft auf
etwas und denke mir ‚Super, das passt jetzt genau für das Stück!'" Für den geplanten Schaukelstuhl aus Haselnuss trägt er einzelne Äste,
die er für geeignet hält, in die Werkstatt und
kürzt sie auf die richtige Länge.

Die Tischlerei mit naturbelassenem Holz
hat ihre eigenen Gesetze. „So wie ich die Teile hier liegen habe, hat das mit der normalen
Tischlerei eigentlich nichts mehr zu tun", erklärt Ernst Maier. „Als Tischler ist man gewohnt, dass man immer für jedes Zehntelgrad
eine Schieblehre und einen Anschlag hat, und
hier geht man her und reißt eigentlich nur die
Höhenmaße an."

Lange Jahre hatte Ernst Maier nur klassische Werkstücke gefertigt. Er war Tischler mit
Meisterbrief in Festanstellung. Wildholzmöbel
waren ihm unbekannt. „Das erste Wildholzmöbel habe ich eigentlich zusammen mit einem
Kunden gebaut", erinnert er sich. „Der kam mit
gesammeltem Holz zu mir, ich war skeptisch,
ob er damit einen Stuhl hinbringt. Ich habe
ihm dann bei der Umsetzung geholfen und auf
einmal ist irgendwie der Sessel da gestanden
und das war so wie eine Initialzündung für
mich."

Für seinen Schaukelstuhl entrindet Ernst
Maier in Handarbeit alle Holzteile, die er verbauen möchte. Erst wenn sich das helle Holz
unter der dunklen Rinde zeigt, wird klar, ob
es tatsächlich frei von Schäden und von bester Qualität ist. Das Arbeiten mit den naturge

Ernst Maier
WILDHOLZTISCHLER

wachsenen Hölzern genießt der Tischler sehr, obwohl oder gerade weil es ein Material ist, das für viele seiner Kollegen nicht infrage kommen würde. „Als normaler Tischler sagt man, du kannst mich gern haben mit dem Spreißelhaufen", scherzt Ernst Maier, „weil man sich überhaupt nicht vorstellen kann, wie das funktioniert. Das ist auch nichts, was man aus einem Buch lernen kann, man muss es einfach versuchen."

Weil Ernst Maiers Maschinen bei der Fertigung von Wildholzmöbeln an ihre Grenzen stießen, baute er sich eigenhändig geeignete Geräte. Etwa eine Dampfkammer, die der Tisch-

ler braucht, um das Holz für die Rückenlehne des Schaukelstuhls biegsam zu machen.

„Durch den Dampf wird das Holz feucht und biegt sich leichter", führt der Oberösterreicher die Dampfkammer stolz vor. „Die Teile, die man biegen will, bleiben dann – je nach Durchmesser – zwischen eineinhalb und drei Stunden drinnen und dann hat man ungefähr zwei Minuten Zeit, das Ganze in Form zu biegen."

Sein Lieblingsholz für Stühle liefert ihm der Haselnussbaum. „Das Holz lässt sich gut bearbeiten und es ist extrem stabil. Ich hab auch Versuche gemacht und es wie einen Hockeyschläger immer auf den Boden geknallt.

Die Haselnuss hat es problemlos ausgehalten. So mache ich das eigentlich mit jeder Holzart, bevor ich sie das erste Mal für einen Stuhl verwende, und wenn sie es aushält, dann passt es."

Überhaupt scheint Ernst Maier eine Passion für Stühle entwickelt zu haben, die er mit Vorliebe auch außerhalb seiner Werkstatt auslebt. „Wenn ich heute irgendwo hinkomme, in ein Gasthaus oder wenn ich wo eingeladen bin, und sehe einen Stuhl, den ich noch nicht kenne, dann frage ich, ob ich ihn umdrehen darf", erzählt der Tischler schelmisch. „Wenn die Sitzfläche wirklich bequem ist, dann nehme ich mir meistens Papier und Stift und zeichne sie ab."

Ernst Maiers Sitzfläche für den Schaukelstuhl ist allerdings nicht mehr neu im Sortiment, sondern jahrelang erprobt. Bis er die gebogenen Äste als Rückenlehne verbaut, vergehen insgesamt drei Tage. So lange „ruhen" sie, in Form gebogen und mit Schrauben fixiert. Nach 72 Stunden sind sie trocken und verziehen sich nicht mehr.

Ein Schaukelstuhl besteht aus 28 Teilen, die miteinander harmonieren und passgenau verbunden werden müssen. Der Meister arbeitet ohne Bauzeichnung und vorgegebene Maße. Wo er Löcher bohren muss und welche Teile er ineinandersteckt, entscheidet er intuitiv. „Ich muss sehen, wie es liegt, und darum ist es immer wichtig, dass ich die Teile einmal aufstelle und so kontrolliere, ob es von der Geometrie her passt", sagt Ernst Maier. Besonders die Kufen müssen gut ausbalanciert sein, „sonst schaukelt es sich komisch".

Die Streben für die Rückenlehne werden nun in die vorgebohrten Löcher eingepasst und verleimt. „Ich nehme da immer gerne so ganz junge Triebe, die zwei, drei Jahre alt sind, die wachsen meistens relativ gerade und ohne Äste", erklärt der Tischler.

Obwohl Ernst Maier jedes einzelne Holzstück auswählt und bearbeitet – wie der fertige Stuhl ge-

nau aussehen wird, kann er nicht vorhersagen. „Die Leute wissen zwar, dass sie einen Schaukelstuhl bekommen. Und wir können auch über die Holzart reden, aber im Prinzip ist das Ergebnis immer eine Überraschung."

Für die Kufen hat Ernst Maier sieben dünne Hölzer aufeinandergestapelt, verleimt, gebogen und gut zehn Tage trocknen lassen. „Dafür verwende ich Nussholz, europäische Nuss. Die ist relativ hart und lässt sich auch gut biegen", verrät er. Nach insgesamt rund 25 Arbeitsstunden folgt der erste Test: Der Tischler setzt den fertigen Stuhl auf die Kufen und begutachtet ihn kritisch. „Es ist ja so, wenn der Stuhl richtig ausbalanciert ist, reicht es wirklich, wenn man sich zurücklehnt, dann schaukelt man weg."

Wenn der Tischler so weit zufrieden ist, bringt er die Kufen in ihre endgültige Form. Den Endschliff erledigt Ernst Maier von Hand. Das Einölen ist der letzte Arbeitsschritt, bevor der Tischler sein Möbel an den neuen Beisitzer übergibt. Sein anfänglich starker Trennungsschmerz hat über die Jahre nachgelassen: „Das war am Anfang ein Problem. Da hat mir das Herz wirklich geblutet, wenn ich irgendwas aus der Hand gegeben habe. Heute freue ich mich, wenn sich andere darüber freuen, weil so viel Herzblut von mir drinnen steckt."

Um seine berufliche Zukunft sorgt sich Ernst Maier nicht: „Ich glaube, mit etwas Gottvertrauen und indem man das macht, was man gerne macht, kann nicht viel schief gehen."

Ernst Maier
WILDHOLZTISCHLER

Weniger romantisch, dafür aber wesentlich länger haltbar sind die dreischichtgeleimten Holzplatten, die heute für den Boden der Zillen verwendet werden. „Weniger stabil sind die Boote dadurch nicht geworden", ist sich Rudolf Königsdorfer sicher. „Schwieriger wäre das mit Massivholz. Aber die Dreischichtplatten sind so elastisch, dass mir damit seit 17 Jahren noch keine Zille gebrochen ist." Und das, obwohl der Dreischichtboden schon beim Zillenbau einiges aushalten muss. Damit das Boot vorne spitz und nach oben zuläuft, wird die Bodenplatte aufgebogen, ehe aus den Seitenwänden

ragende Nägel sie in dieser Position fixieren. An die Spitze der Zille kommt der sogenannte „Kranzstock" aus Birnenholz. Damit der „Kranzstock" auch genau in die Spitze passt, wird er mit einer Handhacke in Form gebracht. Eine anstrengende Arbeit, die gerne auch Sohn Christian übernimmt. Er lernt beim Vater und wird den Betrieb einmal in der siebenten Generation übernehmen.

Den letzten Schliff, nämlich den Anstrich, erhalten die Zillen im Familienbetrieb Königsdorfer von Rudolfs Frau Marianne. Zweimal muss sie die fertige Zille streichen. Dabei erzählt sie vom gemeinsamen Sohn, der sich nach anfänglicher Unsicherheit nun doch entschieden hat, auch Zillenbauer zu werden. „Für ihn war es nicht von Anfang an klar, dass er den Betrieb übernehmen wird", denkt sie zurück, „wir haben es dem Buben freigestellt." Zwei Jahre hat er eine HTL besucht, bevor er daheim die Lehre begonnen hat. „Das war für uns natürlich schon eine große Freude, eine Erleichterung und Beruhigung. Man weiß dann, wofür man arbeitet", freut sich Marianne Königsdorfer und begutachtet die frisch gestrichene Zille.

Etwa 100 Zillen baut die Familie Königsdorfer jährlich in ihrer Werkstatt. Vor der Auslieferung einer jeden testen Vater und Sohn auf der Donau, ob die Zille dicht ist. Seit fast 200 Jahren krönt dieses Ritual die Fertigung von Zillen aus Niederranna.

Familie Ulbricht/Larasser

Ofenkeramiker

„WÄRME, das ist doch etwas ganz Existenzielles. Jeder will es warm haben. Und so etwas wie einen Kachelofen ästhetisch zu verpacken, ist eine traumhafte Aufgabe."

In Rottach-Egern am Tegernsee gibt es eine Familie, die seit über 100 Jahren Kacheln und Kachelöfen von Hand fertigt. Vier Meister arbeiten in der Keramikerwerkstatt: der Altmeister Hermann Ulbricht und sein Sohn, der denselben Namen trägt. Tochter Monika Ulbricht modelliert und bemalt die kunstvollen Dekore. Ihr Mann Andreas Larasser ist der kreative Kopf der Familie, er entwirft alle Öfen am Reißbrett.

Diesmal plant Andreas Larasser einen runden Ofen, wie er nur noch selten gebaut wird. „Das Wichtigste ist für mich als kreativer Mensch natürlich die Ästhetik des Ofens und dann kommt gleich die Technik", erzählt der Keramikermeister in heller Vorfreude auf die Umsetzung seines Entwurfs. „Das Schöne ist, dass bei einem Kachelofen beides wichtig ist. Man will ja etwas Nützliches schaffen, und das ästhetisch zu verpacken, ist eine traumhafte Aufgabe."

Die Vorlage für die Kachel finden die Ofenkeramiker im Schatz des Familienbetriebs. Im alten Holzschuppen neben der Werkstatt lagert die Kachelsammlung, bestehend aus Hunderten historischen Kacheln, die Urgroßvater Hermann Ulbricht der Erste zusammengetragen hat. Eine dunkelbraune Kachel aus dem 18. Jahrhundert, verziert mit Spitzbögen, wird zur Kachelvorlage für den neuesten Ofen aus dem Hause Ulbricht.

Mit viel Fingerspitzengefühl formt Monika Ulbricht aus Ton eine Kopie der Kachel. Um das perfekte Positiv für den Gipsabguss zu schaffen, muss sie besonders präzise arbeiten. Der Gipsabguss dient später als Negativ für jede einzelne Kachel des geplanten Ofens. Detailgenau modelliert Monika Ulbricht die gotischen Spitzbögen und die barocken Blüten. Farblich wird sich die Ofenkachel später vom Original unterscheiden, aber das Dekor soll genau wie das historische Vorbild aussehen. Wenn ihr Mann über die fertige Tonkachel später behutsam flüssigen Gips laufen lässt, achtet er besonders darauf, dass sich dabei keine Luftblasen bilden. Nur so wird die Oberfläche der Gipsform für die Kacheln fehlerfrei.

Während die Gipsform noch aushärtet, bereitet Hermann Ulbricht Junior den Ton vor, aus dem die Kachelblätter für den Ofen geschnitten werden. Aus etwa 300 Kilogramm Ton werden 40 quadratische Kacheln geformt, die knapp zwei Zentimeter dick sind. Wie die Keramiker es schon seit Jahrhunderten tun, legt er dafür jedes einzelne der tönernen Kachelblätter auf die ausgehärtete Gipsform und schneidet es auf die richtige Größe zu. Über den Ton breitet er dann ein feuchtes Tuch und streicht die Masse in die Form ein. „Mit dem Formtuch wird der Ton in die Gipsform hineingerieben. Da muss ich aufpassen, dass ich die Konturen auch gut erwische, damit wir eine

saubere Abformung haben." Gespannt und neugierig erscheint Hermann Ulbricht auch noch bei der vierzigsten und letzten Kachel, die er von der Gipsform trennt. „Perfektion ist im Handwerk ganz wichtig", sagt der Keramikermeister. „Ein Ofen muss immer relativ perfekt sein. Also wenn man sagt, ein handwerklicher Ofen darf schlampiger gemacht sein, damit komme ich nicht zurecht."

111 Jahre ist es her, dass ein Ulbricht die ersten Kachelöfen im Tegernseer Tal baute und damit den Grundstein für eine Familientradi-

tion legte, die bis heute anhält. Der Senior des Betriebs arbeitet seit seinem 16. Lebensjahr als Keramiker. „Ich habe mit 18 Jahren ausgelernt, die Gesellenprüfung gemacht und die Werkstatt übernommen, weil mein Vater vom Krieg nicht heimgekommen ist. Mein Großvater war schon zu alt, der hat nicht mehr können." Damit geben die Ulbrichts ihr handwerkliches Erbe bereits in vierter Generation weiter.

Dass auch der Mann der Tochter, Andreas Larasser, aus einer traditionsreichen Keramikerfamilie stammt, war für die Ulbrichts ein großes Glück. „Kennengelernt haben wir uns auf der Meisterschule, erinnert sich Andreas

Larasser an die erste Begegnung mit seiner jetzigen Frau. „Da flog auf einmal die Tür der Gipserei auf, alle waren am Arbeiten und dann steht da eine Wahnsinns-Frau und sagt: ‚Hallo hier bin ich!'". Da weißt du, das ist die Frau fürs Leben." Monika Ulbricht weiß bis heute nicht, „war es ‚Zufall oder Schicksal?'" „Noch dazu hab ich mir gedacht, er ist auch sehr gut, einen besseren Dreher finde ich schon gleich gar nicht. Aber das war natürlich nicht das Kriterium."

Nachdem die Kacheln lederhart getrocknet sind, muss Andreas Larasser die Kacheln „nachrichten". Das verhindert, dass sich die Tonkacheln verziehen, wenn sie gebrannt wer-

den. Ein leichtes Klopfen auf die getrocknete Kachel unterbindet, „dass sich der Ton an seine alte Materialstruktur als Rohmasse erinnert", erklärt der Keramikermeister.

Wenn die getrockneten Kacheln später in den Erdofen im Garten der Ulbrichts wandern, sind die rostroten Tage der Tonstücke gezählt. Sie werden vollkommen unbehandelt eingelegt. Gelingt der Schwarzbrand, verwandelt das Holzfeuer die sogenannten „Scherben" in rauchschwarze Keramik. Kenner schätzen den im Gegensatz zur Glasur natürlichen matten Schimmer als „schwarzes Perlmutt". Der Ofen wird erst verschlossen, wenn die Temperatur im Inneren nach zehn Stunden rund 800° Celsius erreicht hat, schildert Andreas Larasser begeistert. „Diese Art zu brennen, ist praktisch die Seele der Keramik", findet er. „Das ist nicht nur ein bisschen herumpatzen und eine schöne Form machen, sondern der Kampf mit den Elementen: Erde, Feuer, Wasser und Luft."

Ist der Ofen heiß genug, muss es allerdings schnell gehen: Mit vereinten Kräften schließen die Handwerker das Feuer im Ofen ein. Nur wenn der Ofen völlig dicht ist, funktioniert der Brand, wie er soll. „Wenn da irgendwo Sauerstoff reinkommt, dann oxidiert das nachher und alles wird nicht schwarz, sondern rot", sagt

Hermann Ulbricht. „Dann hätte man es auch im Elektroofen brennen können." Also werden die kritischen Stellen des Ofens mit einem speziell angemischten Schlick abgedichtet. Durch die Verbrennung dehnt sich der Kohlenstoff im Ofen aus, so entsteht Überdruck, der den Kohlenstoff in die porösen Kacheln presst, „und zwar so fest, dass er mechanisch beständig ist", so Andreas Larasser. „Das heißt, er reibt sich nicht mehr ab, du hast noch eine feine Rußschicht außen drauf, aber das Schwarz geht nicht mehr raus."

Unentwegt dampft der feuchte Schlicker an den Wänden des Erdofens. Zwei Tage muss er verschlossen bleiben, bevor die Keramiker sehen können, ob der Schwarzbrand geglückt ist.

„Da schau her, ein richtig guter Brand", bewundern die Keramiker ihre schwarz schimmernden Kacheln. „Der Schwarzbrand ist Lebendigkeit", findet Andreas Larasser. „Das ist doch ein Wahnsinn, von Silber, Silber-Schwarz, Schwarz-Schwarz, das ist eine eigene Farbpalette!"

Sind alle 40 Kacheln gebrannt, kann der Ofen gesetzt werden. In wochenlanger Handarbeit nimmt der Kachelofen Gestalt an. Doch erst bei der letzten Kachel zeigt sich, ob Größe und Durchmesser richtig berechnet wurden.

Bei einem handgefertigten Ofen ist keine Kachel exakt wie die andere. Weder in der Farbe noch in den Maßen. Fugen und kleine Schieferstückchen gleichen die Unregelmäßigkeiten aus. „Etwas wirklich Schönes hat Charakter", ist Andreas Larasser überzeugt. „Aber die Kunst ist eigentlich, etwas nicht zu überziehen. In dem Moment, wo etwas perfekt wird, wird es langweilig."

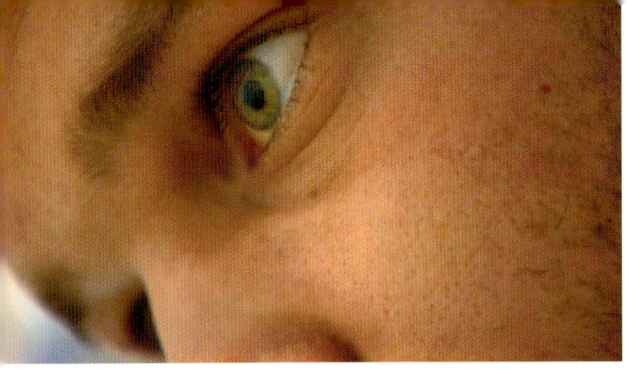

"EIN ALTES STÜCK, das man zur Restaurierung bekommt, ist ein Stück Geschichte, an dem man arbeiten darf", sagt Steinmetz Martin Schmeiser, als er vor einem 200 Jahre alten Steinkopf in seiner Werkstatt steht. "Dementsprechend ehrfürchtig muss man auch an die Arbeit gehen", ergänzt er. "Mit einer falschen Maßnahme zerstört man in kurzer Zeit, was jahrhundertelang gehalten hat."

Nur einen Steinwurf vom Wiener Schloss Schönbrunn entfernt versteckt sich die verwunschene Werkstatt der Familie Schmeiser. Neben den klassischen Arbeiten hat sich der Steinmetzbetrieb auf Abgüsse und Restaurierungen historischer Werke spezialisiert.

"Der Vater hat diesen Platz für den Betrieb bekommen, da war ich zehn Jahre alt", erinnert sich der Steinmetzmeister mit dem weißen Rauschebart. Im Sommer hatte ich hier sogar ein eigenes kleines Zelt. Ich durfte ein Lagerfeuer machen und Erdäpfel braten, für den Vater und seine Mitarbeiter." 1989 hat Martin Schmeiser die Firma übernommen und sie über die Jahre zu einem Familienbetrieb gemacht, denn auch seine Söhne Max und Konrad arbeiten mit ihm.

Der Ältere, Max, hatte Maurer gelernt, bevor er bei seinem Vater angefangen hat. "Mir

ist das sehr bewusst gewesen. Vater und Sohn in einem Betrieb, das ist nicht immer leicht", denkt Martin Schmeiser zurück. "Ich bemühe mich, weil ich ja auch noch weiß, was mir früher nicht gefallen hat. Ich glaube, das ist fast ein bisschen das Geheimnis, um so tadellos miteinander auszukommen."

"Lustig ist es, wenn ich unter jungen Leuten sage, ich bin Bildhauer", erzählt Max Schmeiser. "Da kann sich fast keiner was darunter vorstellen. Genauso, wenn man sagt, man ist Steinmetz, dann kommt: Küchenarbeitsplatten und Friedhöfe. Die Bandbreite ist in Wirklichkeit aber viel größer."

Der Tiergarten Schönbrunn hat Martin Schmeiser beauftragt, einen 200 Jahre alten Kopf aus Zobelsdorfer Sandstein zu restaurieren. Den Kopf rundherum abklopfend, hört der erfahrene Handwerker auf den Klang des Steines. "Wenn unter der Oberfläche alles in Ordnung ist, klingt es relativ hell. Ist aber eine schadhafte Stelle darunter, dann hört man, dass der Ton dort ein ganz ein anderer ist, fast hohl. Hier ist auf alle Fälle etwas locker oder kaputt."

Der Kopf weist zu viele Schäden auf, um repariert werden zu können. Martin Schmeiser wird eine Kopie anfertigen. Dazu muss er zunächst die ursprüngliche Form des Originals wieder vollständig herstellen. Er beginnt damit, die abgebrochene Nase aufzubauen. Sie wird mit Mörtel und einer feinen Spachtel vorsichtig wiederhergestellt.

Martins Schmeisers zweiter Sohn Konrad arbeitet seit einem Jahr im Betrieb. Er ist der Fachmann für die Aufbereitung alter Grabsteine. "Die stammen von aufgelassenen Gräbern", erklärt er, "das ist ein wertvoller Rohstoff für neue Kunstwerke aus Stein." Um die Inschrift

verschwinden zu lassen, schleift Konrad etwa fünf Millimeter ab. Dabei hüllt sich eine dicke Staubwolke um den jungen Steinmetz. „Der Feinstaub ist schon ein Problem für uns", sagt er, „man hilft sich mit Staubmasken und einer Wasserwand, die den Staub aufsaugt."

Sein elektrisches Schleifwerkzeug möchte Konrad Schmeiser bei seiner Arbeit keinesfalls missen. „Wenn ich mir einen Steinmetz im Mittelalter vorstelle: Das war schon ein Wunder, wie die das früher gemacht haben, dass das alles so schön glatt geworden ist. Mit Sand abschleifen, das würde ich nicht machen wollen."

Mit einem feuchten Tuch wischt Konrad Schmeiser den Staub vom Stein, den er perfekt glatt geschliffen hat. „Ein schöner Moment ist das immer", schwärmt er, „wenn der Stein wieder in seinem alten Glanz leuchtet." Für seine Söhne und ihre Arbeit hat Vater Martin Schmeiser immer ein gutes Wort übrig. „Konrad ist ein fantastischer Handwerker", sagt er. „Ich konnte das nie so perfekt wie er, ich habe auch nicht so viel Geduld wie er."

Ähnlich liebevolle Worte dürfte auch sein eigener Vater Wilhelm für ihn gehabt zu haben, denn genau wie seine Söhne hat auch er

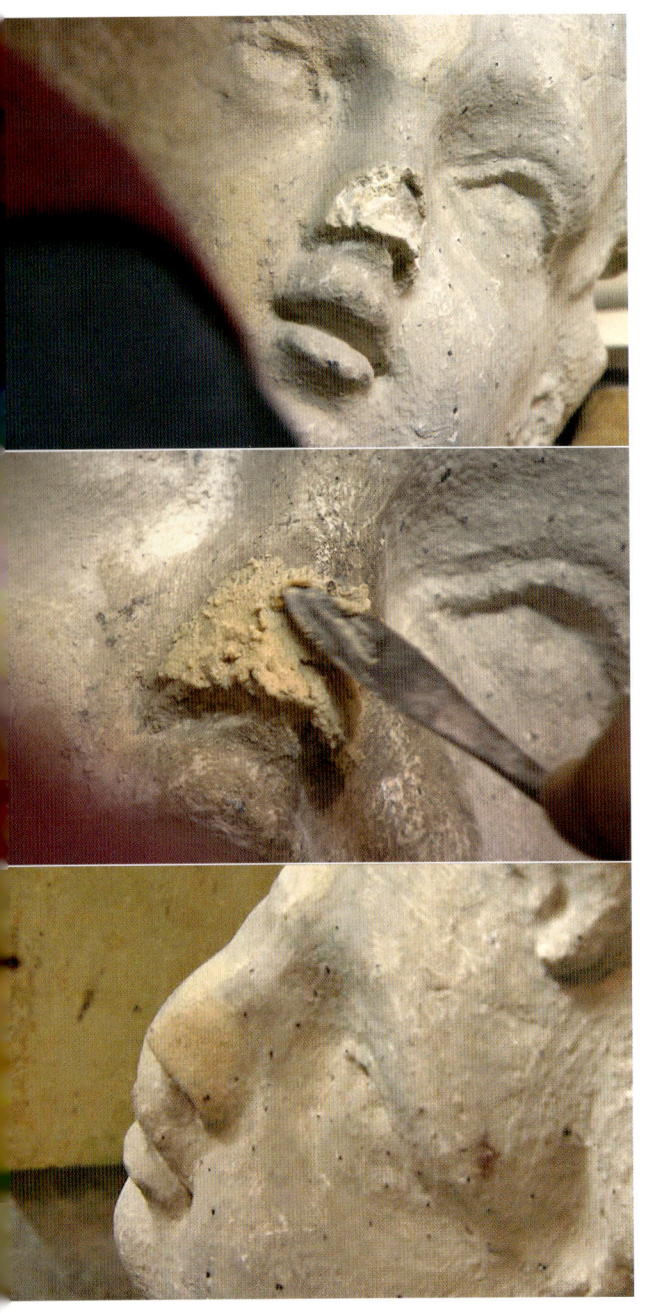

selbst aus freien Stücken im väterlichen Betrieb angefangen. Wilhelm Schmeiser lässt es sich auch im hohen Alter nicht nehmen, seinen alten Arbeitsplatz regelmäßig zu besuchen. „Ich bin immer sehr glücklich, wenn ich hierher kommen kann, und es freut mich so, dass noch einiges da ist, was an meine Tätigkeit erinnert. Das Neue, was dazugekommen ist, freut mich natürlich umso mehr", ist der Senior sichtlich berührt vom Fleiß seiner Nachkommen.

Inzwischen hat Martin Schmeiser den alten Kopf so weit vorbereitet, dass Max damit beginnen kann, ihn zu kopieren. Dazu benützt er ein Messgerät, das schon seit Jahrhunderten praktisch unverändert Verwendung findet. „Das ist eine altehrwürdige Punktiermaschine zum Übertragen von Figuren in den Steinblock", erklärt der Meister. „Mit verschiedenen Gelenken, die man fixiert, kann man eine Nadel auf den höchsten Punkt – hier ist das die Nase – einrichten. Dann heben wir die Maschine auf den Steinblock, aus dem der neue Kopf gemeißelt werden soll, und schieben die Nadel nach vor. An der Stelle, auf die die Nadel zeigt, beginnt Max jetzt die Nase herauszuarbeiten."

An den besonders filigranen Stellen greift der junge Steinmetz zu Handmeißel und Handschlägel. Sein Vater schaut ihm dabei über die Schulter und scheint zufrieden. „Der Max ist so lernwillig. Er hat ja Maurer gelernt. Im Gegensatz zu ihm kann ich heute noch keine Decke verputzen oder Wände. Bei mir fällt das runter, bei ihm bleibt es picken", lobt er seinen Ältesten.

Weil kein Zobelsdorfer Sandstein mehr zu bekommen ist, meißelt Max den neuen Kopf in St. Margarethener Kalksandstein. Auch die Punktiermaschinen werden selten. Bis nach

Florenz musste Martin Schmeiser fahren, um diese aufzutreiben. Dass sie noch viele Jahre gebraucht wird, ist sicher, denn die Söhne wollen den Betrieb einmal gemeinsam übernehmen. „Mein Großvater hat es aufgebaut, mein Vater hat es übernommen und dann kommen wir an die Reihe, das macht mich schon stolz", sagt der jüngere Sohn Konrad. Und auch Max will ausschließlich Steinmetz sein. „Das Handwerk ist wunderbar, weil es ist doch mehr oder

weniger für die Ewigkeit, was wir hier bauen."

Das Gesicht der Gussfigur ist ausgehärtet. Die 30 Jahre alte Statue aus der Zeit des Vaters findet ihren Platz zwischen den anderen von Martin Schmeiser. Die Zukunft des Betriebs sieht Seniorchef Wilhelm Schmeiser optimistisch und streicht auch die wichtige Rolle von Sohn Martin heraus: „Das wird jetzt von der Klugheit meines Sohnes auch abhängen, wie er seine beiden Söhne motiviert und weiter führt."

Familie Schmeiser
STEINMETZ

SEIT Tausenden Jahren schmelzen Menschen mit Feuer Metalle, um Glocken zu gießen. Passend zum Bestimmungsort, gedacht für die Ewigkeit. „Aus einer guten Bronzeglocke filtern Menschen verschiedene Akkorde heraus", erzählt der Innsbrucker Glockengießer Peter Grassmayr. „Wer traurig ist, filtert den Moll-Akkord heraus, wer fröhlich ist, hört verstärkt den Dur-Akkord." So kommt es, dass das Geläut einer Kirchenglocke zu Ostern häufig als fröhlich empfunden wird, während dieselbe Glocke bei einer Beerdigung Trauer verbreitet.

Weil die Form der Glocke maßgeblich für den Klang ist, widmet Peter Grassmayr ihrer Planung besonders viel Aufmerksamkeit. Ist die Kirchenglocke einmal in Bronze gegossen, kann der Ton kaum noch verbessert werden. „Mein Ziel ist es, die Stradivari unter den Glocken herzustellen", so das ambitionierte Ziel das Glockengießers. Dafür konstruiert er den Klangkörper auf traditionelle Weise millimetergenau mit Zirkel und Bleistift. Eine Hilfe sind ihm dabei die handschriftlichen Aufzeichnungen seiner Vorfahren. Die Familie Grassmayr geht der hohen Kunst des Glockengießens bereits in der 14. Generation nach.

An jahrhundertealte Traditionen hält sich Peter Grassmayr auch beim Mischen des Lehms für die Form, in die die Glocke später gegossen wird. Seit der Gründung des Betriebs im Jahr 1599 wird die Rezeptur weitergegeben und verfeinert. Enthalten sind Lehm, Wasser und Bier. „Das Bier macht den Lehm geschmeidiger", erklärt der Glockengießer. Damit die Glockenform beim Trocknen später nicht reißt, mischt Peter Grassmayr auch feine Kälberhaare unter die Masse. Der Trick ist alt, aber gut. „Kälberhaar ist mit Abstand das Beste, was wir dafür kennen", ist Grassmayr überzeugt.

Das aufwendige Modellieren der Glockenform dauert mehrere Stunden. Während der Lehm trocknet, zieht ein herber Duft durch die Gießerei: eine Mischung aus Erde, Stroh und Alkohol.

Das Gussmaterial – die sogenannte „Glockenspeise" – bringt der Schmelzofen auf Temperatur. Kupfer und Zinn werden auf über 1000 Grad Celsius erhitzt und vereinen sich dabei zu Bronze. Wegen der guten Klangeigenschaften stellt Bronze das ideale Gussmaterial für Kirchenglocken dar. Der Anschlag ist weich und der Nachhall besonders lang zu hören.

„Man soll Respekt haben vor dem glühenden Metall", warnt der Glockengießer. „Wer Respekt hat, ist vorsichtig und konzentriert, und das ist wichtig. Angst ist hingegen kein brauchbarer Gefährte in unserem Beruf."

Er selbst durfte seinem Vater schon als kleiner Bub in der Gießerei helfen. Bei seinen eigenen Kindern ist er strenger. Ab zehn Jahren dürfen sie ihm beim Guss zur Hand gehen. Sein zweiter Sohn wartete deswegen vier Jahre aufgeregt auf seinen zehnten Geburtstag. Seit Kurzem ist es soweit: auch er darf beim Glockenguss dabei sein.

Weil nur eine reine Bronze einen reinen

Klang erzeugt, nimmt Peter Grassmayr persönlich unmittelbar vor dem Guss noch eine letzte Probe. Ein Profi hört am Läuten einer jeden Glocke, ob die Gießer am Material gespart haben. Die Anspannung ist Helfern und Meister vor dem Guss anzusehen. „Das Metall hat über 1100 Grad Celsius und es entscheidet sich innerhalb weniger Minuten, ob alles gut geht. Es kann passieren, dass das Material aus der Form ausrinnt. Und wenn es rinnt, rinnt es wie Wasser und ist nicht mehr zu stoppen", warnt Peter Grassmayr.

Dem erfahrenen Glockengießer ist genau das schon einmal passiert. Dabei kam es auch zu einer Wasserdampfexplosion. „Das Erdreich, auf dem ich gestanden bin, hat sich zehn Zentimeter gehoben. Dieser Guss steckte mir sehr lange in den Knochen. Vier Jahre lang habe ich jeden Guss durchgebetet, dass wir ihn unbeschadet überstehen mögen."

Zwei Tage nach dem Guss machen sich die Gießer daran, die Glocke aus ihrer Form zu holen. So lange dauert es, bis die glühende Bronzemasse im Eisenzylinder abgekühlt ist.

auch eine Verpflichtung, dafür zu sorgen, dass das erhalten wird", sagt die Dreherin selbstbewusst. „Das Handwerk und der seltene Arbeitsplatz bestehen damit weiter."

Angelika Merks Finger hinterlassen beim Glätten am Teller feine Spuren. Eine persönliche Note, die auch nach dem Brand sichtbar bleiben wird. „Man möchte schon haben, dass es erkennbar ist, dass es individuell hergestellt ist", gesteht die Dreherin. „Sie können jetzt zwanzig Teller nebeneinanderstellen, es ist im Grunde jeder Teller gleich und dann auch doch wieder anders."

Nach dem Drehen wird der Teller noch auf eine Gipsform aufgezogen. Diese verleiht ihm zunächst eine Perlenstruktur und entzieht ihm später Wasser.

Seit 260 Jahren werden in Nymphenburg feinste Porzellanwaren hergestellt. In unmittelbarer Nähe seiner Sommerresidenz ließ Kurfürst Maximilian III. Joseph dafür eigens die Werkstätten errichten. Unter künstlerischen Leitern wie Franz Anton Bustelli entstanden berühmte und auch heute noch gefertigte Figuren. Vor allem bemalte Objekte sind sehr teuer und schlagen oft mit fünfstelligen Summen zu Buche. Unbemalte Figuren sind deutlich günstiger. Der enorme Aufwand der Dekore und die damit verbundenen weiteren Brände machen den Unterschied.

Am königlichen Perlservice legt Angelika Merk den letzten Schliff an. Zwei

Tage benötigt der Teller nun, um zu trocknen. Stabil werden die Objekte durch den Brand. Mindestens zwei Brände bei Temperaturen zwischen 960 und 1400 Grad Celsius müssen die Porzellanwaren durchlaufen, um widerstandsfähig zu werden. Seit 35 Jahren brennt man auch in Nymphenburg mit Gas. Eine der wenigen notwendigen Modernisierungen in der Manufaktur, die auch zu besseren Ergebnissen geführt hat, weil sich die Temperatur dabei präzise steuern lässt.

Im größten Atelier der Manufaktur, in der Porzellanmalerei, wartet Helmut Schnitzler bereits auf die fertig gebrannten Stücke. Er arbeitet seit 38 Jahren als Porzellanmaler. Fast alles ist für ihn Detailarbeit und eine ruhige Hand Pflicht. „Das kann man sich antrainieren", berichtet er. „Die Hand ist gar nicht so ruhig, sie muss es nur sein, wenn man an der Figur ansetzt, und das ist reine Übungssache."

Über drei Tage dauert die Bemalung einer Figur, aufwendige Blumendekore fordern die Spezialisten sogar bis zu einem Monat. Die

Verantwortung für das Objekt wächst dabei von Tag zu Tag. „Speziell bei Figuren kommt es vor, dass etwas abbricht. Man ärgert sich dann furchtbar. Man ist ja das letzte Glied in der Kette und die Kollegen haben schon viele Stunden investiert", erzählt der Porzellanmaler von möglichen Pannen.

Weil die Arbeiten originalgetreu sein sollen, wandert der Blick des Porzellanmalers regelmäßig zum Muster. Porzellan zu fertigen und zu bemalen, ist zwar ein altes Handwerk,

aber offenbar nicht zu altmodisch für die Jugend. „Wenn wir ausbilden, dann sind immer genügend Bewerbungen da", sagt Helmut Schnitzler. Seine noch junge Kollegin hat sich auf die Bäume am Perlservice spezialisiert. Vor vier Jahren hat Katarina Neumann ihre Ausbildung in Nymphenburg begonnen. „Ich habe unglaublich viel auf Übungstellern gearbeitet, jetzt darf ich an das Königsservice", erzählt die junge Porzellanmalerin stolz. „Und mit der Übung wird es dann irgendwann perfekt."

Glasmanufaktur
Lobmeyr

IM ERSTEN Wiener Gemeindebezirk, in der Kärntnerstraße, liegt die k. & k. Glaswarenhandlung Josef und Ludwig Lobmeyr, eines der ältesten Geschäfte am Platz. Seit 1823 produziert die Manufaktur feinste Gläser und Kristallluster. Um den Fortbestand des Familienbetriebs kümmern sich Leonid Rath und zwei seiner Cousins. „Unser Vorbild ist der Bergkristall", sagt Leonid, „diese klare, wasserähnliche Transparenz mit organischen, feinen und natürlichen Formen. Das ist es, was wir an Glas lieben."

Um diesem Anspruch gerecht zu werden, trifft Leonid Rath schon bei der Auswahl des noch ungeschliffenen Glases eine strenge Auswahl. Weil Lobmeyr nie eine eigene Glashütte hatte, bestellt die Manufaktur die Glasrohlinge, etwa ungeschliffene Karaffen nach eigenen Entwürfen, bei sorgfältig ausgewählten Traditionsbetrieben. Die Karaffen für das Trinkservice, das im 19. Jahrhundert entworfen wurde, liefert eine Glashütte in Tschechien. Weiterverarbeitet werden sie kaum einen Kilometer vom Wiener Geschäft entfernt, in einem Hof aus der Biedermeierzeit. Dort liegen die Werkstätten, wo Felix Mraz den einfachen Glasrohling in ein echtes Schmuckstück verwandeln wird.

Der „Kugler", so heißt der selten gewordene Beruf des Glasveredlers, beginnt mit der „Einteilung" der Karaffe. So nennen die Meister das Aufmalen der Muster und Designs, die dem Glas zur Veredelung eingeschliffen werden. Wenn Felix Mraz beginnt, die Facetten mit großen Rädern auf den Rohling zu schleifen, verliert das Glas seinen Glanz und wird augenblicklich matt. „Man muss darauf achten, dass die Linien gerade laufen, also gerade geschnitten sind", erklärt er, während er insgesamt 16 Facetten auf der Karaffe entstehen lässt. „Ein guter Kugler braucht eine ruhige Hand, gute Augen, Vorstellungskraft und muss gut zeichnen können", so Felix Mraz.

Die glänzenden Oberflächen der Gläser entstehen bei Lobmeyr nicht, wie in den meisten Glasbetrieben, mithilfe eines Tauchbads nach dem Schliff. Die Kugler bei Lobmeyr polieren per Hand mit einer seltenen Tonerde. „Die ist nur in China erhältlich und poliert das Glas", erläutert Mraz. „Das ist der letzte Arbeitsschritt, dann ist die Flasche fertig." Das Service Nummer 98, zu dem diese immer noch beliebte Karaffe gehört, war im 19. Jahrhundert ein Verkaufsschlager, erzählt Leonid Rath. „Das Kaiserhaus verwendete es für den privaten Gebrauch und auch verschiedene andere Adelshäuser."

Einer der Schätze des Familienbetriebs sind die auf Papier gezeichneten Entwürfe, die sich in über einhundert Jahren angesammelt haben. Sie alle hortet Leonid Rath feinsäuberlich im Archiv. „Früher musste das Archiv gut geführt sein, um schnell Ersatz schaffen zu können, wenn ein Stück zu Bruch ging", erinnert er sich. „Heute ist es eine Fundgrube für wertvoll gewordene Design-Zeichnungen." Eine vom Familienbetrieb besonders hoch geschätzte ist die Zeichnung für die Kugeldose von „Haerdtl".

„Wenn wir irgendwo ein Stück zeigen dürfen, dann präsentieren wir diese Kugeldose, weil sie die Zartheit und Leichtigkeit der Lobmeyr-Gläser auf den Punkt bringt", erzählt Leonid Rath, während er die dazugehörige Skizze aus dem Archiv zieht. Wer diese Zeichnung mit der Kugeldose vergleicht, bemerkt allerdings eine Abweichung: „Haerdtl hat den Knauf der Dose mit vier kleinen Kügelchen gezeichnet. Mein Urgroßvater machte daneben eine kleine Skizze und sagte: ‚Nein es geht nur eine Kugel, es ist handwerklich einfach nicht anders möglich'."

Außer für feines Glas steht die königlich-kaiserliche Werkstatt seit bald 200 Jahren auch für große Luster. Ringförmige Kronleuchter gibt es seit der Antike. Damals waren Öllampen oder Kerzen die Lichtquellen, deren Schein mit Glas verstärkt und verschönert werden sollte. Aber auch nach der Erfindung des elektrischen Lichts hat der Luster nichts von seiner Faszination verloren. Wenn es um das Zusammenspiel von Lichtquelle und Glasbehang geht, spricht der Kenner vom „Feuer". Für sein besonderes „Feuer" ist der 1966 im Hause Lobmeyr entworfene Luster „Starburst" berühmt.

innert er sich zurück. „Wenn ich jetzt an der Maschine stehe, dann denke ich an meinen Opa. Wenn ich in den Tabak reinfahren kann und das Klackern der Maschine höre – das ist einfach toll."

Die genaue Mischung der Tabake für die jeweilige Zigarre ist ein streng gehütetes Betriebsgeheimnis. Innerhalb der Familie wird aber mit nichts hinterm Berg gehalten. „Ich bemühe mich schon, dass ich dem Martin und auch der Veronika wirklich alle Geheimnisse anvertraue, die wir so haben", sagt Cornelia Stix. „Es nützt ja keinem, wenn das nur einer weiß. Der kann ja schnell mal ausfallen."

Als die Manufaktur im Jahr 1912 gegründet wurde, war der Großvater von Cornelia Stix der größte Arbeitgeber im Landkreis. Heute ist der Betrieb um einiges kleiner, an den jahrhundertealten Arbeitstechniken hält die Chefin aber weiterhin fest. „Ich bin sehr stolz darauf, dass bei uns im Betrieb die Virginia noch von Hand gerollt wird. Das findet man sonst eigentlich nirgends mehr."

Die langen, dünnen Virginias werden an Rolltischen gedreht, die noch aus der Blütezeit des Betriebs stammen. „Eine Virginia hat innen einen Alicante-Binsengrashalm", erklärt Cornelia Stix. „Dieser Binsengrashalm ist die Seele der Zigarre. Als sogenannter Platzhalter für den Luftkanal, der später entfernt wird. Dadurch zieht diese Zigarre sehr gut." Das Rollen will aber gelernt sein. Petra Putz zählt noch zu den Neulingen in der Manufaktur. „Wenn ich es zu dick mache oder zu dünn, muss ich es

DIE MACHER DER „FAST VERGESSEN"-FILME BEI SERVUS TV

MASSSCHUHMACHERIN
Doris Pfaffenlehner

Regie: Louis Saul
Kamera: Hans Peter Fischer
Schnitt: Andreas Maluche
Ton: Stefan Rosentreter

HUTMACHER
Alexander Reiter

Regie: Saara Waasner
Kamera: Fritz Schönegger
Schnitt: Karolin Kummer
Ton: Claudia Schreier

SÄCKLER
Peter Ahamer

Regie: Lisa Eder
Kamera: Peter Gillemot
Schnitt: Suzi Giebler
Ton: Stefan Rosentreter

„GOISERER"-
MASSSCHUHMACHER
Rudolf Steflitsch-Hackl

Regie: Károly Koller
Kamera: Peter Gillemot
Schnitt: Suzi Giebler
Ton: Stefan Rosentreter

BÄCKERIN
Denise Pölzelbauer

Regie: Leonhard Steinbichler
Kamera: Fritz Schönegger
Schnitt: Andreas Maluche
Ton: David Dörre

LATSCHENÖLBRENNER
Franz Niederkofler

Regie: Károly Koller
Kamera: Thomas Atzberger
Schnitt: Doro Keswon
Ton: Christian Märkl

ALPHORNBAUER
Walter und Hansruedi Bachmann

Regie: Guido Felstermann
Kamera: Hans Peter Fischer
Schnitt: Suzi Giebler
Ton: Stefan Ravasz

HARFENBAUER
Peter Mürnseer

Regie: Saara Waasner
Kamera: Hans Peter Fischer
Schnitt: Andreas Maluche
Ton: Stefan Ravasz

KONTRABASSBAUER
Mike Krahmer

Regie: Ulrike Steiger
Kamera: Fritz Schönegger
Schnitt: Karolin Kummer
Ton: Felix Klebe

BLECHBLASINSTRUMENTENBAUER
Peter Baumann

Regie: Ulrike Steiger
Kamera: Stefan Schindler
Schnitt: Suzi Giebler
Ton: Gregor Kuschel

SATTLER
Kurt Freimüller

Regie: Brigitte Kornberger
Kamera: Fritz Schönegger
Schnitt: Andreas Maluche
Ton: David Dörre

MESSERMACHER
Luca Distler und Florian Pichler

Regie: Arne Sinnwell
Kamera: Fritz Schönegger
      Waldemar Hausschild
Schnitt: Arne Sinnwell
Ton: David Dörre
      Marcus von Kleist

WILDHOLZTISCHLER
Ernst Maier

Regie: Guido Felstermann
Kamera: Olaf Bitterhoff
Schnitt: Andreas Maluche
Ton: Harald Vonend

ZILLENBAUER
Rudolf Königsdorfer

Regie: Sabine Brand
Kamera: Hans Peter Fischer
Schnitt: Rodney Sewell
Ton: Stefan Ravasz

OFENKERAMIKER
Familie Ulbricht/Larasser

Regie: Mica Stobwasser
Kamera: Thomas Atzberger
    Hans Albrecht Lusznat
Schnitt: Andreas Maluche
Ton: Stefan Ravasz
    Zoltan Ravasz

STEINMETZ
Familie Schmeiser

Regie: Arne Sinnwell
Kamera: Olaf Bitterhoff
Schnitt: Arne Sinnwell
Ton: Harald Vonend

GLOCKENGIESSER
Peter Grassmayr

Regie: Martin Tischner
Kamera: Hans Albrecht Lusznat
Schnitt: Florian Kohlert
Ton: Robert Gongoll

PORZELLANMANUFAKTUR
NYMPHENBURG

Regie: Leonhard Steinbichler
Kamera: Olaf Bitterhoff
Schnitt: Suzi Giebler
Ton: Harald Vonend

GLASMANUFAKTUR
LOBMEYR

Regie: Louis Saul
Kamera: Hans Peter Fischer
Schnitt: Andreas Maluche
Ton: Stefan Rosentreter

ZIGARRENMANUFAKTUR
WOLF & RUHLAND

Regie: Ulrike Steiger
Kamera: Hans Peter Fischer
Schnitt: Andreas Maluche
Ton: Stefan Rosentreter

BILDNACHWEIS

Redaktion Megaherz:
Petra Schäfer

Projektleitung Megaherz:
Anatol Munz

Produzenten Megaherz:
Franz Gernstel, Fidelis Mager

Redaktion ServusTV:
Walter Seitz-Krautstorfer

Produktion ServusTV:
Melanie Kaboto

Redaktionsleitung ServusTV:
Björn Thönicke

Programmverantwortung ServusTV:
Robert Altenburger

Autoren und Verlag bedanken
sich bei allen, die ihre Zeit und ihr
Material zur Verfügung gestellt
haben.

Alle im Buch verwendeten Bilder
sind Videostills aus den Sendungen
von „Fast vergessen" auf ServusTV.

Schuhmacherin: Doris Pfaffenlehner · Hans Peter Fischer

Hutmacher: Alexander Reiter · Fritz Schönegger

Maßschuhmacher: Rudolf Steflitsch-Hackl
Peter Gillemot

Säckler: Peter Ahamer: · Peter Gillemot

Bäckerin: Denise Pölzelbauer: · Fritz Schönegger

Latschenölbrenner: Franz Niederkofler
Thomas Atzberger

Alphornbauer: Walter und Hansruedi Bachmann
Hans Peter Fischer

Harfenbauer: Peter Mürnseer · Hans Peter Fischer

Kontrabassbauer: Mike Krahmer
Fritz Schönegger

Blechblasinstrumentenbauer: Peter Baumann
Stefan Schindler

Sattler: Kurt Freimüller: · Fritz Schönegger

Messermacher: Luca Distler und Florian Pichler
Waldemar Hausschild, Fritz Schönegger

Wildholztischler: Ernst Maier · Olaf Bitterhoff

Zillenbauer: Rudolf Königsdorfer: · Hans Peter Fischer

Ofenkeramiker: Familie Ulbricht/Larasser
Thomas Atzberger, Hans Albrecht Lusznat

Steinmetz: Familie Schmeiser · Olaf Bitterhoff

Glockengießer: Peter Grassmayr · Hans Albrecht Lusznat

Porzellanmanufaktur Nymphenburg · Olaf Bitterhoff

Glasmanufaktur Lobmeyr · Hans Peter Fischer

Zigarrenmanufaktur Wolf & Ruhland · Hans Peter Fischer

Geschichte geht uns alle an, ohne Auseinandersetzung mit der Vergangenheit kein Verstehen des Heute – das ist das große Anliegen von Wilhelm J. Wagner. Sein „Bildatlas zur Geschichte Österreichs" ist daher nicht bloß als kartografische Darstellung konzipiert, er bietet vielmehr eine umfassende Kulturgeschichte des Raums, den wir heute als Österreich bezeichnen. Das historische Geschehen wird dabei dreidimensional dargeboten: Wort, Bild und Kartenmaterial gemeinsam wollen Geschichte „von allen Seiten anschaubar, begehbar und damit begreifbar " machen (Hugo Portisch).

Wagners „Bildatlas" ist weit mehr als ein Nachschlagewerk, er ist ein spannendes Lesebuch, ein „Reiseführer" durch die österreichische Geschichte und ihre Landschaften.

Wilhelm Wagner
BILDATLAS ZUR GESCHICHTE ÖSTERREICHS
Mit einem Vorwort von Hugo Portisch

296 Seiten, 21 x 29,7 cm
Hardcover mit Schutzumschlag
€ 29,99 · ISBN: 978-3-222-13345-9

„Wir sind Österreich" – ein Aushängeschild von Servus TV. Regelmäßig porträtierte der „Privatsender mit öffentlich-rechtlichem Qualitätsanspruch" Menschen aus Österreich, die eine besondere Eigenschaft verbindet: die Leidenschaft für eine Sache. In ihrem Leben gibt es etwas, für das sie brennen, das sie heraushebt aus der Zahl der Vielen.

Wer ist eigentlich Österreich? Das Land ist so bunt und vielfältig wie die Menschen, die hier leben. Und so gibt es Österreich eigentlich nur im Plural. WIR sind vielfältige Talente und Erfolge, WIR sind Stadt und Land, WIR sind unterschiedlichste Lebensentwürfe. WIR machen dieses Land lebenswert und liebenswert.

27 Porträts wurden aus der Reihe ausgewählt, Handwerker und Wissenschaftler, Tüftler und Sammler, Manager und Musiker, Seriöse und Skurrile, Männer und Frauen. Was treibt sie an, was inspiriert sie? Einblicke in Lebenswelten und Lebensgefühle unterschiedlichster Art, ein großes Porträtmosaik der österreichischen Befindlichkeit.

Gerhard Pirner · Veronika Hofer
WIR SIND ÖSTERREICH
Ein Buch über ein liebenswert buntes Land

228 Seiten, 21 x 21 cm
Hardcover
€ 24,95 · ISBN: 978-3-7012-0065-8

styria regional

IMPRESSUM

ISBN: 978-3-7012-0099-3

© 2012 by *Styria Regional* in der
Verlagsgruppe Styria GmbH & Co KG
Wien – Graz – Klagenfurt
Alle Rechte vorbehalten

Bücher aus der Verlagsgruppe Styria
gibt es in jeder Buchhandlung
und im Online-Shop

Lektorat: Elisabeth Wagner
Buchgestaltung: Bruno Wegscheider

Reproduktion: Pixelstorm, Wien
Druck und Bindung:
Druckerei Theiss GmbH
St. Stefan im Lavanttal
7 6 5 4 3 2 1